情報セキュリティ概論

山田恒夫・辰己丈夫

情報セキュリティ概論（'22）

©2022　山田恒大・辰己丈夫

装丁・ブックデザイン：畑中　猛

s-66

まえがき

　2019年に始まったCOVID-19パンデミック（コロナ禍）の中で，人々の生活様式は大きく変化することになった。対面で会って話すという基本的なコミュニケーションが制限されるなか，オンライン教育やリモートワークなど，インターネットは多くの人々の間に急速に浸透した。すでに，わが国でも情報通信技術（ICT）は人々の生活の隅々にまで浸透し，それなくして社会が成り立たない基盤となっていたが，コロナ禍対応の随所で，レガシーな制度やシステムが露見し，電子化に即応できないわが国の実情もあきらかになった。ICT は，仕事や生活に不可欠な情報端末としてばかりでなく，流通，エネルギー，交通，放送・通信など，ライフラインを制御する中枢機能をもになう。こうした基盤の不具合は，生活の不便にとどまらず，生命を脅かしかねないレベルに達している。そして今後，家電の遠隔操作や車の自動運転などに代表されるIoT（Internet of Things，モノのインターネット）や人工知能（AI）が普及すると，なおさらのこととなる。

　ICT は，インターネットの発展を通して，人類に新たな活躍の場をもたらした。すなわち，サイバー空間，サイバー社会の出現である。サイバー社会と現実社会の関係については，まだ定説はないが，両者には共通性がある一方で，サイバー社会は人類がこれまで目にしなかった革新的特徴も有する。これもコロナ禍でどう変容しつつあるのか，同時代的な検証が急がれる。

　ICT は，人類に，より聡明で幸福な未来を約束するはずであったが，ネット犯罪やサイバーテロ，ネットいじめによる自殺やインターネット中毒（依存症）など，負の効果も無視できないところにきている。こう

した影の部分には，以前から人類社会にあった事象がICTにより単に増幅されたにすぎないものから，人類がサイバー空間に適応していく過程で全く新たな課題として出現したものもあるだろう。

　本科目では，情報化社会，サイバー社会を生きるわれわれが身につけなくてはならない，情報のセキュリティと倫理について学ぶ。まず個人として，陽のあたる長所ばかりでなく，陰の部分に対する知識とその対処法を身につけることが必要である。そこで必要とされるのは，情報システムのメカニズムに対する正しい知識，情報セキュリティに対する知識と対処スキル，そして人としての持つべき情報倫理である。そして社会としては，システムの情報セキュリティを高めるとともに，それを守る専門人材を養成していく必要がある。本科目では，情報のセキュリティと倫理をめぐる様々なトピック，すなわちサイバー犯罪とその対策，セキュリティ技術，情報倫理とその教育を中心に解説する。

　なお，放送授業科目である本科目では，習得できることに限界があることも理解してほしい。放送授業と印刷教材のみでは，知識を効率的に習得できても，その技能（スキル）の習得には自ずと限界がある。本科目で学んだことをもとに，他の学習機会を得て，情報セキュリティのスキルも身につけてほしい。そうした科目は本学の面接授業科目（学習センターの対面授業）ばかりでなく，他の高等教育機関，生涯学習機関で見出すことができるだろう。そして最終的には，デジタル・トランスフォーメーション（ICTによる社会変革，DX）に向け，デジタルデバイドの克服などに，習得した知識とスキルを活用し社会に還元していただきたいと思う。

　放送大学の放送授業科目は，印刷教材（本書）と放送番組から構成され，あわせて1科目の内容となっている。一方の教材にしか含まれない内容もあるが，いずれも出題範囲なので，必ず印刷教材（本書）と放送

番組の両方をご覧いただきたい。

　本科目の制作にあたっては，企画段階より学内外の先生方からご意見を頂戴し，その質向上に役立てることができた。改めて，関係各位に御礼を申し述べる次第である。

2021年11月30日

山田　恒夫

辰己　丈夫

目 次

1 | 情報化社会における光と影2022

山田恒夫

《**本章のねらい**》 高度情報化社会の進展とともに，情報セキュリティと情報倫理に関して，どのような問題が生じているか，概説する。こうした現象を理解するための基本的な概念と事例を解説する。本科目の構成について，発展学習の指針を示しながら紹介する。

《**キーワード**》 情報化社会，情報セキュリティ，情報倫理，リスク，脅威，脆弱性，情報セキュリティマネジメントシステム，情報モラル教育，ハッカー，パーソナルデータ，プライバシー，モノのインターネット（IoT），本科目の学び方

1．現代社会と情報

　21世紀に入りわれわれは，人類史上かつてない，大きな変革の時期を迎えている。この時代を特徴づける，いくつかの要素がある。例えば，
- ●高度情報化社会・高度知識基盤社会
- ●生涯学習社会
- ●国際化社会・グローバル化社会
- ●高齢社会・超高齢化社会

などである。そして，2019年に始まったとされる COVID-19パンデミックは，さらに大きな影響を与え続けている。都市封鎖や学校閉鎖によって，人々は在宅勤務や遠隔授業を強いられることとなった。パンデミックによって，情報化のように加速されたものもあれば，国際化・グロー

バル化のように，ブレーキがかかったりその方向が変わってきたものもある。我が国では，先進国であっても情報化が進んでいないことが再認識され，政府によって様々な施策が打ち出された。インバウンドへの壊滅的な打撃を見られるように，人の流れ，モノの流れとともに国境を越えた移動は減っているが，TV 会議システムなど，インターネットによる国際交流は急激に拡大した。現代で求められる，知識や能力（コンピテンシー）は 20 世紀に求められたそれとは異なり，しかもその変化は急である。しかし，その一方で，人間の本性や社会の規範の中には，不変のものもある。本科目では，情報セキュリティの分野の知識やスキルの基礎を学ぶとともに，情報化社会・知識基盤社会において人間はどうあるべきなのかを考える。

　情報通信技術（Information and Communication Technologies, ICT）は，われわれの社会に，そしてわれわれの日常生活に確実に浸透し，ユビキタス・インテリジェント・コンピューティングが実現されつつある。パソコンといった明確な情報デバイスばかりでなく，携帯電話・スマートフォン，家電製品にも IC チップが埋め込まれ，さらに通信できるようになっている。ICT によるシステムは見えないところにも存在し，銀行やクレジットカード，交通機関の IC カード，買い物のポイントカードのあるところでは，ICT が背後で動作し，その利用履歴がデータとして蓄積されていく。こうしたプライベートなデータが蓄積されることによって，一人ひとりに最適な個別サービスが提供され，利便性が劇的に改善されつつある。マクロな観点でいえば，ICT によって人類はデータ，情報そして知識を大規模・高速・効率的に，しかも容易に蓄積共有できるようになった（**ビッグデータ**の出現）。また，障がい者等に対するアクセシビリティの改善にも役立ち，社会的格差や不平等を克服し「多様性・公正性・包摂性（Diversity, Equity and Inclusion, DEI）」を

実現するツールとしての有効性も示した。今後自動車の自動運転やロボットによる無人作業など，われわれの日常生活の中で，人工知能（Artificial Intelligence, AI）とモノのインターネット（Internet of Things, IoT）が使用されるようになる。ICT は，高度情報化社会・高度知識基盤社会そのものを成り立たせる基盤となる一方で，様々な社会変化にともなう負の影響を克服する可能性を示している。

　情報化，特にインターネットの特徴については，成書にまとめられているので，詳細は省略するが，例えば，

●**ボーダレス性**

　情報は，簡単に，そして瞬時に国境を越える，

●**マルチメディア・マルチモーダル性**

　文字，映像，音声，画像など多様な情報を，双方向的にやりとりできる，

●**オープン性**

　個人が不特定多数に向けて情報を発信できる。オープンソースの考え方が基調となっており，ソフトウェア，コンテンツ，技術標準の多くは，オープンである（公開されている），

●**分散性**

　ネットワークに接続された計算機や記憶媒体は，独立して，場合によっては協調的に機能する，

●**匿名性・仮想性・非身体性**

　これは，情報化によってもたらされた情報空間（「**サイバー空間**」）の特徴というべきかもしれないが，現実空間の身体から遊離して仮想的な（「**ヴァーチャルな**」）体験を行なったり，匿名で他人とコミュニケーションができる，

●情報爆発と**ビッグデータ**

　世界中のデータベースやリポジトリには，玉石混交の膨大な情報が
蓄積され続けている，

などがあげられるであろう。

　こうした状況は，われわれに多大な利便性をもたらし新たな可能性を
拓く一方，コンピューター犯罪などダークサイドも見せるに至っている。
インターネット利活用で先行した韓国では，社会現象学あるいは社会調
査的な観点から，インターネットの「副作用」（「陰」の部分）を分類す
る研究も早かった。例えば，アン・ソンジン（2012）は，メディア中毒，
有害コンテンツ，サイバー暴力，権利侵害，サイバーテロ，判断障害の
大項目からなる分類を提案した[1]。わが国でも，個人，企業，学校等で，
サイバー攻撃の被害やインターネット関連の依存症や反社会的行動が増
えており，セキュリティ対策やユーザー保護が必要となっている。

　現代の高度情報化社会において，より快適により安全に暮らしていく
ためには，まず個人として，陽のあたる長所ばかりでなく，陰の部分に
対する知識とその対処法を身につけることが必要である。そこで必要と
されるのは，情報システムのメカニズムに対する正しい知識，情報セ
キュリティに対する知識と対処スキル，そして人としての持つべき情報
倫理である。情報システムは日々進歩し，高度化，複雑化しているため，
最先端の分野ではそれぞれの専門家の養成が不可欠となる。そこで社会
としては，情報セキュリティを守るうえで欠かせない高度情報セキュリ
ティ人材，広くはハッカー人材を養成していく必要がある。いうまでも
なく，こうした高度のスキルをもった人間が犯罪者になる可能性はあり，
社会のセキュリティという観点からは**ハッカー**にはより高度の情報倫理
が求められる。（注，本テキストでは，「ハッカー」はICTの高い技術
を有する人のことをさし，悪意をもって他人のコンピューターやイン
ターネットに侵入し破壊する「クラッカー」と区別する）。

　インターネットには，実社会を鏡映するが場合によって異なる規範や行動を示す，仮想的なサイバー空間が形成されている。そして，このサイバー空間が国境を越えて拡大している点が，インターネットの大きな特徴である。ソーシャルネットワーキングサービス（SNS）は，世界中の人間を，あたかも隣人のようにたやすく結びつける。言葉の壁はまだ立ちはだかるが，技術革新はいつかその壁も乗り越えるだろう。こうしたサイバー空間において，1つのグローバル化した情報倫理が生まれるのか，ローカルな変化は保たれ多元化するのか，まだ予測はつかない。

2. 情報セキュリティとは：リスクとその対策

　21世紀の社会基盤ともなった情報基盤を安全・安心に使えるように，情報セキュリティの重要性はますます高まっている。**EDUCAUSE** は，北米を中心に全世界の高等教育機関の CIO や IT センター専門家が集まる ICT 教育利用推進団体である。ここでは，毎年その年の重要課題を

表 1 - 1　2020年度 IT 課題トップ10（Grajek, et al., 2020[2]）

1	Information Security Strategy	情報セキュリティ戦略
2	Privacy	プライバシー
3	Sustainable Funding	増大する IT サービスのための資金モデル
4	Digital Integrations	デジタル統合（相互運用性など）
5	Student-Centric Higher Education	学生中心主義の高等教育
6	Student Retention and Completion	学生の在籍や修了の改善
7	Improved Enrollment	入学者・登録者の改善
8	Higher Education Affordability	高等教育の費用負担の改善
9	Administrative Simplification	管理業務の簡素化
10	The Integrative CIO	大学 IT リーダーとしての CIO の強化

予測しているが，セキュリティやプライバシーは近年必ず言及されている。

2.1　情報セキュリティ

　情報セキュリティとは，企業や官公庁などの組織や個人における情報資産全般の**機密性**，**完全性**，**可用性**等を保障することである。**情報資産**とは，顧客情報などの個人情報，販売記録や研究資料などの未公開情報のような情報そのものばかりでなく，電子化されたデータを格納するファイルやデータベースなどのソフトウェア，それが記録された USB メモリーやハードディスクなどの記録媒体やパソコンといったハードウエアを含む。クラウドサービスを利用する場合にも，情報セキュリティに対する配慮は必要である。

- **機密性（Confidentiality）**とは認可されていない個人，**エンティティ**（"実体"，"主体"などともいい，情報セキュリティの文脈においては，情報を使用する組織及び人，情報を扱う設備，ソフトウェア及び物理的媒体などを意味する）又は**プロセス**（インプットをアウトプットに変換する，相互に関連する又は相互に作用する一連の活動）に対して，情報を使用させず，また，開示しない特性のことである（JIS Q 27000：2019[3]）。その情報にアクセスすることを認められた者あるいはプロセスのみがアクセスできるという特徴である。

- **完全性（Integrity）**とは，正確さ及び完全さの特性のことである（JIS Q 27000：2019[3]）。情報及び処理方法の正確さ及び完全である状態を保障することである。

- **可用性（Availability）**とは，認可された個人やエンティティが要求したときに，アクセス及び使用が可能である特性のことである（JIS Q 27000：2019[3]）である。認可された者やプロセスが，必要

なときに情報にアクセスできることを確実にすることである。

　もともとは機密性・完全性・可用性を3要素（**情報セキュリティの CIA**）と称したが，JIS Q 27000ではさらに4要素を加える可能性があることを示している。

　新たな4要素，**真正性**（**authenticity**：エンティティは，それが主張するとおりのものであるという特性，つまり本人であることの証明），**責任追跡性**（**Accountability**：エンティティの行った作業を追跡できること），**否認防止**（**Non-repudiation**：主張された事象又は処置の発生，及びそれを引き起こしたエンティティを証明できること），**信頼性**（**Reliability**：意図する行動と結果とが一貫していること）をあわせて，現代では7要素ということがある。

2.2　情報資産への脅威

　情報資産に対する**脅威**（**Threat**）は人為的なものと自然的（物理的）なものに分類され，さらに人為的なものについては不正アクセスのように意図的なものとメール誤送信のような過失・偶然によるものに分けられる。自然的なものには，落雷・浸水などによる物理的破壊を含む。脅威（Threat）は，システム又は組織に損害を与える可能性がある**インシデント（事案）**の潜在的な原因と定義される（JIS Q 27000：2019[3]）。

　機密性の喪失をもたらす脅威は，不正アクセスやシステム管理者の設定ミス，パソコンの盗難や紛失による個人情報や機密情報の漏えい，ID及びパスワードの不正取得による送金詐欺などに，その例を見ることができる。

　完全性の喪失の例については，データベースへの不正侵入によるデータの改ざん，WEBサーバーへの不正侵入によるホームページの改ざん，不正侵入やプログラムの設計ミスによる社会インフラ（ライフライン）

の停止・誤動作などがある。

　可用性の喪失については，**DoS 攻撃**（**Denial of Service attack**）によるアクセス不能状態の出現，コンピューターウイルスによるコンピューター処理速度の低下などが含まれる。

　1つの脅威によって複数のインシデントが生じたり，複数の脅威が同時的，継時的に重なって1つのインシデントを引き起こすこともある。ICT の進展にともなって新たな脅威とインシデントが毎年発生し，セキュリティ対策の高度化が必要となっている。

2.3　脆弱性とリスク

　1つ以上の脅威によって付け込まれる可能性のある，資産又は管理策の弱点のことを**脆弱性**（**vulnerability**）という。

　リスクは，情報資産×脅威×脆弱性という関係によって定義される。リスクとは，ある脅威がある情報資産の脆弱性によって，システムや組織に損害を与える可能性である。情報資産の価値，脅威の程度（発生確率），脆弱性の程度によって，リスクの値は異なる。情報資産の価値が0に近ければ，脅威の程度が高くても，脆弱性を改善する緊急性は高くないと考えられる（注：情報資産に価値がなければセキュリティ対策をしなくてもよいということではない。コンピューターのセキュリティホールから乗っ取られ，サイバー犯罪やテロの踏み台にされてしまい，損害賠償責任を問われることもありうる）。一方，影響が広範囲・長期におよび，情報資産への損害が致命的になる場合には，脅威の程度は低くても，脆弱性を低減させる対策が必要となる。

2.4　セキュリティ対策

　リスクを未然に低減させるには，脅威の発生を低減するか，脆弱性を

改善するかという選択肢がある。

　自然的（物理的）脅威についての対策は通常限定的で，主に人為的脅威に対する対策が中心となる。脅威の発生源である人間に対して警告や注意喚起を行い，脅威の発生を抑止する。アクセス監視や罰則を設け，研修や WEB での広報等を通じて周知することによって抑止を行う。

　一方，脆弱性に関する対策は，脅威に応じて多種多様なものがある。技術的なものとしては，ソフトウェアのアップデート，セキュリティ対策ソフトの導入，認証方法の高度化，暗号化，定期的なバックアップなどがある。人為的なものについては，必要以上に権限を与えない，権限を集中させないなど職務を分離し，制度的に対応する。

　脅威が実際に発生した後の対策も必要で，できる限り早期に検知することで，より適切な対応（復旧，追跡調査，対抗策の検討など）が可能となり，被害を最小限にくい止めることができる。

　セキュリティ対策にはコストがかかるので，情報資産の価値やリスクの特徴に応じて，適切な方法を選択することが重要である。

2.5　情報セキュリティマネジメントシステム（ISMS）

　様々な組織において，セキュリティ対策を組織的かつ持続的に管理する仕組みを，情報セキュリティマネジメントシステム（Information Security Management System，ISMS）といい，その要求事項と認証基準は JIS（日本産業規格）でも定められている（JIS Q 27001：2014）。個別の問題毎の技術対策の他に，組織のマネジメントとして，自らのリスクアセスメントにより必要なセキュリティレベルを決め，プランを持ち，資源を配分して，システムを運用する必要がある。

　組織が構築した ISMS が JIS Q 27001（ISO/IEC 27001[4]）に適合しているか，第三者機関が認証する **ISMS 適合性評価制度**もできた[5]。

3. 情報セキュリティと法

　現時点では，ウイルスを作成し散布するのも人，不正アクセスを行い個人情報や機密情報を漏えいさせるのも人，偽ウェブサイトに誘導され受動的攻撃の対象になってしまうのも人である。技術的なセキュリティ対策には自ずから限界があり，こうした脅威の原因となる人間の行動を制御する必要がある。その1つの方法が法律による規制と保護であり，もう1つの方法が情報倫理教育による倫理やモラルの涵養である。

　情報セキュリティと法の関係を考えるうえで重要なことは，ICT の進展によって従来の法律では想定していなかった事例が発生し，社会的公正の観点から不合理な状況が出現していることである。状況の変化に応じて法律を改正したり，場合によっては新たな法律を制定する必要があるが，社会的合意や手続き的な問題からどうしても後手になってしまうことも多い。

　従来の法律では対応できない状況が生まれ，新たな法律が制定された例として，**不正アクセス禁止法**，デジタルコンテンツ送信に関する**著作権法改正**などがある（詳細は9章に譲る）。

表 1 - 2　情報化が契機となって制定された国内法の例

法律名（施行年）	目的	背景
不正アクセス行為の禁止等に関する法律（不正アクセス禁止法，2000年2月，2013	不正アクセス行為を禁止するとともに，これについての罰則及びその再発防止のための都道府県公安委員会による援助措置等を定めることにより，電気通信回線を通じて行われる電子計算機に係る犯罪の防止及びアクセス制	パスワードなどデータを盗み見されても，もとのデータが消失したり改ざんさ

年改正）	御機能により実現される電気通信に関する秩序の維持を図り，もって高度情報通信社会の健全な発展に寄与すること（第1条）	れるわけではないので，従来の刑法では対応困難であった。
電子署名及び認証業務に関する法律（**電子署名法**，2001年4月，2006年改正）	電子署名に関し，電磁的記録の真正な成立の推定，特定認証業務に関する認定の制度その他必要な事項を定めることにより，電子署名の円滑な利用の確保による情報の電磁的方式による流通及び情報処理の促進を図り，もって国民生活の向上及び国民経済の健全な発展に寄与すること（第1条）	電子署名の普及とともに，電子署名が従来の署名や押印と同等の法的効力を持つことを定める必要があった。
特定電子メールの送信の適正化等に関する法律（**特定電子メール法**，2002年7月，2009年改正）	一時に多数の者に対してされる特定電子メールの送信等による電子メールの送受信上の支障を防止する必要性が生じていることに鑑み，特定電子メールの送信の適正化のための措置等を定めることにより，電子メールの利用についての良好な環境の整備を図り，もって高度情報通信社会の健全な発展に寄与すること（第1条）	スパムメールがネットワークの負荷となり，特に可用性に深刻な影響を与えるに至った。
個人情報の保護に関する法律及び行政手続における特定の個人を識別するための番号の利用等に関する法律の一部を改正する法律（**改正個人情報保護法**，2015年9月成立・2017年5月施行）	高度情報通信社会の進展に伴い個人情報の利用が著しく拡大していることに鑑み，個人情報の適正な取扱いに関し，基本理念及び政府による基本方針の作成その他の個人情報の保護に関する施策の基本となる事項を定め，国及び地方公共団体の責務等を明らかにするとともに，個人情報を取り扱う事業者の遵守すべき義務等を定めることにより，個人情報の適正かつ効果的な活用が新たな産業の創出並びに活力ある経済社会及び豊かな国民生活の実現に資するものであることその他の個人情報の有用性に配慮しつつ，個人の権利利益を保護することを目的とする（第1条）。	実際の利用に際し曖昧な点が多く利用しづらいということがあったので，個人情報の定義を明確にし，匿名加工情報に関する加工方法や取扱い等の規定を整備するなど，適切な規律の下で個人情報等の有用性を確保す

		るとともに，個人情報保護の強化を図った。
サイバーセキュリティ基本法（2014年11月成立・2015年1月施行）	サイバーセキュリティに関する施策を総合的かつ効率的に推進するため，基本理念を定め，国の責務等を明らかにし，サイバーセキュリティ戦略の策定その他当該施策の基本となる事項等を規定する行政手続法が必要となった。	内閣にサイバーセキュリティ戦略本部が設置された。

4. 情報倫理とその教育：人を育てる

　情報セキュリティにはシステムの技術的な対策を十全に行うことのほかに，それを扱う人間に対する法の整備や教育も重要な要素となる。特に急速に発展を遂げつつある高度情報通信社会においては，往々にして法整備が後追いになるため，われわれ一人ひとりが被害者にも加害者にもならないためにも，情報システムの脅威の原因である，人間の犯罪や反社会的行為，過失による誤操作に抑止する**情報セキュリティ教育**や**情報倫理教育**での対応が重要である。今後リモートでの勤務や学習が拡大することも予想されるが，新たな状況に応じた教材の開発が必要となる（例，総務省「テレワークセキュリティガイドライン　第4版」，2018）。

4.1　情報倫理とは：定義と類似概念

　「情報倫理」とは，「インターネット社会（あるいは，情報社会）において生活者がネットワークを利用して，互いに快適な生活をおくるための規範や規律」（IEC 情報倫理教育研究グループ，2003[6]）のことである。この定義の「情報社会」は，「（高度）情報通信社会」に読み替えてもいいだろう。

4.2 情報倫理の歴史的背景

越智（2012[7]）によれば，情報通信技術の発展とともに，その倫理的側面に関する課題と対策もまた変遷してきた。1980年代に始まる「コンピューター倫理（Computer Ethics）」（Debora Johnson）は，ネットワークと関係のないところで生まれ，コンピューター専門家・技術者を対象とした。そして，1990年代に始まる「情報倫理（Information Ethics）」は，インターネットの発展と並行しているところに大きな特徴があり，インターネットにおける誹謗・中傷といった，新たな問題の発生に対応する必要があった。

日本における「情報倫理」に関する特筆すべき出来事としては，1995年「ネチケット・ガイドライン」（IFTF, RFC1855）を受けて，1996年電子ネットワーク協議会が「パソコン通信サービスを利用する方へのルール＆マナー集」，「電子ネットワークにおける倫理綱領」（LAN向け）を出版したことがあげられる。そして，1998年文部省（当時）が学習指導要領で「情報モラル」という用語を示した。このため，この年をもって，情報倫理元年，情報モラル元年とする研究者もいる。2003年には，財団法人コンピュータ教育研究センター（当時，CEC，現，一般社団法人日本教育情報化振興会）が情報モラル指導事例集を発行，全学校に配布された（最新は「ここからはじめる情報モラル指導者研修ハンドブック」，2012）。

情報倫理教育や情報モラル教育を設計し実施する場合，科学的根拠に立脚することが重要であり，発達理論，特に道徳性の発達に関する理解が不可欠である。コールバークの道徳性理論が古典であるが，村田の発達心理学的観点からの論考も秀逸である[8]。より高度の知識・スキルについては，13・14章において，技術者倫理と関係付けながら解説する。

4.3　情報倫理の学術的根拠

　情報倫理は応用倫理学の一分野と考えることができ，その主たる学術的根拠は倫理学にある。しかし，応用倫理学は「特定の原理を適用した倫理学の領域ではない」し，「応用倫理学の各領域は，それぞれ独自に理論的な開発が進んできたものであって，相互に対立する面も含んでいる」（加藤，2007[9]）とのことである。倫理学との体系的な対応関係はないが，倫理学において扱われてきた問題は情報倫理でも共通し，そのアプローチや解決策は情報倫理でも利用されている。本書でも，いくつか言及される**ジレンマ問題**はその例である。

5.　本科目の学び方

5.1　本科目の背景

　本科目は，「情報ネットワークとセキュリティ（'10）」，「情報のセキュリティと倫理（'14）」，「情報セキュリティと情報倫理（'18）」の後継科目である。情報セキュリティの理解は，情報システムを知ることによって格段に深くなる。このため，「情報ネットワーク」関連科目の受講もあわせてお奨めする。

　また，新しい科目分類では，本科目は専門初級（301）にあたり，中級上級の関連科目も用意されているので，発展学習を考える際の参考にしてほしい。

5.2　受講対象者

　本科目では，情報システムに関する基本的な知識があるという前提で，システム側の問題，すなわち現在認識されている脅威と情報セキュリティシステム，及び人間側の問題，すなわち情報セキュリティ教育にアプローチする。このため，基盤科目「遠隔学習のためのパソコン活用」

を履修するか，同程度以上の情報リテラシーを有することがのぞましい。

　現代ではより多くの人々が，情報システムの運用・利用に関与するようになった。単にWEBページをブラウズするだけでなく，ホームページを作成し情報発信することも多い。専用のサーバーを購入することは少なくても，外部のクラウドサービスやホスティングサービスを利用することは日常的である。こうした状況では，外部資源を利用しているとはいえ，管理者としてセキュリティに関する知識は必要である。

　現在わが国では，個人によって情報リテラシーに大きな分散（バラツキ）がある。初等中等教育において必修科目として情報関連科目を履修した世代がある一方，高年齢者を中心にパソコンに縁のない生活を送る人々も多い。しかし，あとで詳しく述べるように，コンピューターやインターネットに触れる機会はなくても，携帯電話や各種のカードを使ったり，自身は使ってなくても家族や取引先が使っていることによる影響を受けるのが現代である。こうした意味では，新しい教養として生涯学習者全員に学んでほしい内容となっている。

5.3　本科目の構成

　本科目に限らず，放送番組科目は印刷教材と放送番組教材をともに利用することを前提に設計されている。ともに履修範囲であるので注意してほしい。

　さて構成であるが，最初に，情報セキュリティの基盤・要素技術情報セキュリティにおける「脅威」と「リスク」，そしてその対処法について解説する。ついで情報セキュリティと人間の関係に焦点をあて，法と倫理の問題，組織における情報セキュリティマネジメント，そして初中等教育，高等教育における情報倫理教育やセキュリティ人材育成の詳細

について説明する。最後に，残された課題と今後の展望を述べる。

　本科目の対象とする，情報通信技術，なかでも情報セキュリティの分野は，技術の発展，関心事の流行が目まぐるしい分野である。このため，印刷教材を執筆した段階では最新事例であっても，放送番組開始時では陳腐化あるいは時代遅れのものになっていることも少なくないはずである。折に触れて，最新情報を学ぶ機会を意識し，自学自習を進めていただきたい。

❶ 研究課題

1）インターネットの特徴ごとに，インターネットの「光」と「影」の
例をあげてみよう。インターネットの特徴については，P.12〜13の一
覧が参考になるが，それに限定しない。
2）これまで実生活で経験した情報セキュリティの「脅威」を整理し，
その対応策を検討しよう。

引用文献

［1］アン・ソンジン「情報社会のインターネット逆機能の分類」2012日韓情報倫
理国際セミナー予稿集，21-32（2012）
［2］Susan Grajek and the 2019-2020 EDUCAUSE IT Issues Panel「TOP 10 2020
IT ISSUES: The Drive to Digital Transformation Begins」
https://er.educause.edu/~/media/files/articles/2020/1/er20sr201.pdf（2020）
［3］日本産業規格「JIS Q 27000：2019（ISO/IEC 27000）　情報技術—セキュリティ
技術—情報セキュリティマネジメントシステム—用語」（2019）
［4］日本産業規格「JIS Q27001：2014（ISO/IEC 27001：2013）　情報技術—セキュ
リティ技術—情報セキュリティマネジメントシステム—要求事項」（2014）
［5］日本情報経済社会推進協会（2020）．情報セキュリティマネジメントシステム
適合性評価制度の概要．https://isms.jp/isms/about.html
［6］情報教育学研究会（IEC）情報倫理教育研究グループ（編）「インターネット
の光と影：被害者・加害者にならないための情報倫理入門 Ver.4」北大路書房
（2003）
［7］越智貢「日本における「情報倫理」研究—歴史と現状」2012日韓情報倫理国
際セミナー予稿集，3-10（2012）
［8］村田育也「子どもと情報メディア　子どもの健やかな成長のための情報メディ
ア論—」現代図書．207p.（2010）
［9］加藤尚武（2007，編集代表）．応用倫理学事典．丸善出版．

参考文献

IPA（2018）．情報セキュリティ読本—IT 時代の危機管理入門　5 訂版．実教出版．
　137p.

2 | パスワード・認証

金岡 晃

《**本章のねらい**》 情報セキュリティで確保すべき機密性の根拠は認証である。認証の種類と特徴について，主にパスワードを例として述べる。また，シングル・サインオン（SSO）についても述べる。
《**キーワード**》 認証，パスワード

1. 認証とは

　インターネットを介してサービスを享受することが当たり前になった現代では，遠隔にあるサービス事業者に対して自分が何者であるかを主張し，サービス事業者に本人性を確認してもらう**認証**（Authentication）が重要な位置を占めている。

　本人性確認の必要性は古来から存在していたが，情報通信が盛んになった時代において遠隔から通信路を通じて接続することが多くなってきたため，認証の重要性が非常に高くなってきた。認証の技術はパスワードによる認証を中心に様々な技術が利用され，多岐にわたる認証技術が我々の生活において利用可能となっている。

　ここでは現在情報技術と共に利用される認証技術について解説をする。

2. 認証の種類と特徴

2.1 認証の要素

多岐にわたる認証技術は，認証に用いられる要素により 3 つに分類することができる。

- Something you know（対象とする人が知っている何か，記憶による認証）
- Something you have（対象とする人が持っている何か，所持による認証）
- Something you are（対象とする人が何か，本人の特徴による認証）

"Something you know" は認証される個人が持つ記憶により認証する技術であり，パスワードや PIN（Personal Identification Number）などがそれにあたる。"Something you have" は認証される個人が所持するなんらかの物理的な物を用いた認証であり，IC カードや運転免許証などがそれにあたる。"Something you are" は本人の特徴による認証であり，指紋認証や顔認証などがそれにあたる。認証手段はこれらの 3 つの要素のうち 1 つ以上の要素により構成される。

2.2 多岐にわたる認証の種類

記憶による認証では，対象となる人が記憶している文字列を利用し認証を行うパスワード認証が代表的な手法である。文字や記号も利用できるパスワードに対し，数字だけで構成される PIN も PC やデバイスへのログイン等に用いられることが多い。

所持による認証では，IC カードやトークンなど個人に配付されたデバイスを用いて認証を行う手法が代表的である。

　本人の特徴による認証としては，指紋認証や顔認証など本人の生体情報を用いた認証や，行動特性を利用した認証方法などがある。生体情報を読み取るデバイスが安価かつ小型化されたこともありスマートフォンやラップトップ PC など，利用が広まっている。

2.3　リモート認証とローカル認証

　認証方法は認証される本人と認証をするシステムの位置関係により分類することもできる。通信路を隔てて遠隔先のサーバー等にアクセスするための認証を**リモート認証**と呼び，PC のログインやスマートフォン端末のロック解除のための認証を**ローカル認証**と呼ぶ。

　リモート認証とローカル認証は特性の違いからリスクも異なるため，リスクに応じた認証方法が選択される。リモート認証では認証のための情報が遠隔のサーバー上に置かれるが，ローカル認証では PC やスマートフォン自体に認証のための情報が置かれる。リモート認証の場合は認証のための情報が遠隔へと送信され，サーバー上で本人性の確認作業が行われるため，その途中経路において第 3 者に覗き見されるなどの漏洩が避けられなければならない。通信路の暗号化や，ハッシュ値などを利用した対策が行われる。一方，ローカル認証の場合は認証のための情報は端末内部だけで処理されるため，第 3 者による覗き見のリスクはリモート認証に比べて低くなる。

　認証のための情報の管理にも違いがある。リモート認証の情報はサーバー側に置かれるため，サーバー側で起こるアクシデント等で漏洩することがあるなどのリスクがある。サーバー側に置かれる情報は，暗号化やハッシュ化など認証情報がそのままで置かれることがないように処理されて管理される。ローカル認証の情報はクライアント側に置かれるため，リモート認証に比べて通信を介して漏洩するリスクは少ない。一方

で，端末上の他のユーザーから閲覧や，他のソフトウェア／アプリケーションからのアクセスによる覗き見のリスクが存在する。そのため，サーバー側の管理と同様に，暗号化やハッシュ化されて保管される方法や，データの秘匿専用のハードウェアの中への保管により他のユーザーやソフトウェア／アプリケーションからアクセスされることを物理的に遮断する方法が採られる。生体認証では認証の方法と用いられる生体情報によっては登録した情報を変更することが不可能であるため，サーバー側で漏洩してしまうと重大なリスクとなる場合がある。ローカル認証として生体認証がされるほうがリスクを抑えた利用方法であると言えよう。

2.4　多要素認証

　銀行口座の振込がオンラインで可能なサービスと，ゲームのように匿名のユーザー名で利用可能なサービスでは，本人性に起因したリスクが異なる。そのため認証に求められる本人性確認の厳格さが異なってくる。本人性確認の厳格さ向上のために高度な認証技術を利用するという手段もあるが，複数の認証要素を用いることにより本人確認を確実にする手段もある。

　複数の認証要素を用いて本人確認する方法を**多要素認証**（Multi-factor Authentication）と呼ぶ。2 つの要素を用いることが多いため，2 要素認証と呼ばれることもある。例えば，銀行 ATM 利用におけるキャッシュカードと暗証番号はキャッシュカードの所持という要素と暗証番号という記憶という要素の 2 要素を用いた認証になっている。リモート認証の場合であれば，暗号鍵を格納したデバイスに対してパスワードあるいは指紋認証等の生体認証により暗号鍵利用のアクティベートし，暗号鍵を利用して遠隔のサーバーと認証作業を行う手法などがある。

2.5 パスワード

　記憶による認証の代表的な手法である**パスワード**は，情報通信が盛ん
になる前から広く利用されてきた。情報通信が発達しインターネットが
一般的になると，特殊なシステムを要しないことなどから認証方式とし
てさらに採用が進んだ。現在でも広く用いられている。

　ユーザーに文字列を記憶される方式としてはその他に，一般的に数字
列だけを用いて認証する PIN 方式や，複数のキーワードを組み合わせ
るパスフレーズなども存在するが，ここではそれらはパスワードとして
まとめて扱うこととする。

2.6 パスワードによる認証の流れ

　パスワードを用いた認証の流れを図2-1に示す。

　認証サーバーは登録されたユーザーの ID と登録パスワードをデータ
ベースで管理している。認証を行う場合，まず最初にユーザーAlice は

ユーザーID	登録パスワード
Alice	**nsrgT79H**
Bob	h8KEiQYn
…	

図2-1　パスワードを用いた認証の流れ

自分自身の ID と記憶しているパスワードをシステムに入力する（図 2
-1 の①）。次に認証サーバーは入力された ID から登録されているパス
ワードをデータベースより探しだし，Alice より入力されたパスワード
と比較を行い，一致するかどうかを確認する（図 2-1 の②）。そしてそ
の結果をユーザーに返す（図 2-1 の③）。

　基本的な流れは図 2-1 の通りであるが，実際のシステムではさらに
対策がされている。例えば図 2-1 の①では，Alice が入力したパスワー
ドが通信路上に流れるために第 3 者に覗き見される可能性がある。一般
的には覗き見を避けるために通信路の暗号化が行われる。Web を用い
たシステムでは第 3 章で解説する TLS が通信路の暗号化に用いられる
ことが多い。認証サーバーが持つデータベースにも対策が行われる。
ユーザーが登録したパスワードがそのまま登録されているデータベース
は，なんらかのアクシデント等でサーバーのデータベースが漏洩した場
合にユーザーのパスワードが漏れてしまう恐れがある。パスワード漏洩
のリスクを避けるために，保管される情報はパスワードのハッシュ値が
置かれることが多い。詳細は後述する「パスワードの管理」で解説する。

2.7　パスワード認証の応用

　図 2-1 で示した基本的なパスワード認証では，通信路の暗号化によ
りパスワード自身が第 3 者に覗き見されることに対応されることがある
が，他の手段も存在する。**チャレンジレスポンス**方式では，認証を求め
たユーザーに対し，サーバー側がまずチャレンジと呼ばれるランダムな
情報をユーザーに渡す。チャレンジを受け取ったユーザーは，決められ
た手続きにより自身のパスワードを用いてそのチャレンジを加工して
（これをレスポンスと呼ぶ）サーバーに返す。サーバー側は，送ったチャ
レンジを手元で計算し正解となるレスポンスを生成し，ユーザーから送

られてきたレスポンスと比較をして，一致するかを確認する。この手法を用いた場合，通信路に流れる情報はチャレンジとレスポンスだけになりパスワードそのものは流れなくなるため，パスワードを保護する手段の1つとして利用することができる。

またその応用として，ワンタイムパスワードトークンと呼ばれる端末や同等の機能を持つアプリケーションを用意し，一定時間ごとに表示される情報などを入力することで本人性を確認する手段もある。この場合，トークンとサーバー側の時計が同期されることで入力されるべき情報が共有される。

2.8 パスワードの生成

ユーザー自身がパスワードの生成を行い登録する場合，生成されるパスワードの性質はしばしば偏る。最も多いパスワードは "123456" であることはよく知られているが，その他にも人間の特性としてランダムなパスワードではなく記憶しやすいパスワードが選ばれてしまうことがこれまでの研究で広く知られてきた。そういったパスワードは第3者から推測がしやすいために，なりすましによるログインとその後の情報漏洩などのリスクが高くなる。

サービス提供の側はそういった弱いパスワードの登録を避けるために様々な手段を講じている。パスワード構成ポリシーは，ユーザーが設定するパスワードの構成に制限を付ける。例えばパスワードの最低の長さを8文字とすることや，パスワードの中に必ず記号を含ませることや，必ず数値を含ませることなどの種類がある。パスワード構成ポリシーの利用は多くのサービスで行われており，制限種類を複数かけ合わせた複雑な制限を課す事例も多いが，これまでの研究でそれらの効果の高さは思ったより高くないことが示されている。むしろより長いパスワードに

することや，推測されやすい単語などを利用しないことの効果が高いことが示されている。その結果，従来では複雑な制限を加えることが推奨されてきたが，最近ではより長いパスワードを実現すべく，複数の単語を繋ぎ合わせるようなパスフレーズの導入が推奨されることも増えてきている。

パスワード生成時にそのパスワードの強度を計算しフィードバックを与えるインターフェースもよく利用される。例えばパスワードの強度をスコア化しそのスコアを表示する方法や，メーター表示にしてその強度を視覚的に伝える方法，赤・オレンジ・黄色・緑と強度が高くなるにつれ色を変更させる方法など多岐にわたる。これらのフィードバックは利用者に心理的負担を与えずに生成されるパスワードの強度を上げる効果があることが知られている。

2.9 パスワードの管理

パスワードによる認証は導入の容易さから広く利用されている一方で，適切な管理がされないとパスワードの漏えいやなりすましのリスクが高まる。管理はユーザー側とサーバー側の双方でされることで適切な利用がされる。ここではそれぞれの側で行われるべき管理手法について解説する。

2.9.1 ユーザー側の管理

一般的に，利用者はインターネットを通じて様々なサービスを利用する。そのサービスでは多くがユーザー登録を必要とし，認証にパスワードを用いている。その結果，ユーザーは複数のユーザーID とパスワードを管理することとなる。こういったケースでは，人間の行動特性として，複数サービスで共通のユーザーID とパスワードを設定してしまう

ことがある。しかしこれらはリスクが高いために避けられるべきである。あるサービスが何らかの理由により利用者 ID とパスワードを漏えいさせてしまった場合，それらの情報が悪用され，他のサービスへの認証試行として用いられることがある。こういった攻撃はパスワードリスト攻撃と呼ばれ，実際に多くの被害事例が報告されている。

　一方で，人間が記憶可能な情報には限りがあり，すべてのサービスで異なる ID とパスワードを設定しそれを明確に記憶しておくことは難しい。仮に異なるパスワードを設定したとして，それぞれのパスワードが記憶しやすいパスワードに偏ることも充分に考えられる。そうなった場合，各パスワードの強度が下がり，なりすましのリスクは上がる。多くのユーザーID とパスワードを管理するパスワード管理ツールはそういった困難性を低減させることが可能である。パスワード管理ツールにユーザーID とパスワードの情報が集約されることから高い信頼性が求められるツールであり，そのツールに脆弱性があることで情報漏えいが発生するリスクはあるものの，多数の ID とパスワードの管理をユーザー自らが行うことの難しさやそれに付随するリスクと比較すればツール利用の管理が望ましいと言える。

　パスワードの使いまわしや強度の低いパスワード設定への対策として，サービス提供側がパスワードに有効期限を設けて定期的にパスワード変更を促す仕組みがある。これらは多くのサービスで採用されていたが，これまでの調査によりその効果が高くないことが示され，現在ではサービス提供者による変更の強制は推奨されないものとなっている。

　パスワード設定時にパスワード以外に秘密の質問と答えを登録し，パスワードを忘れた場合にその質問に答えされるような仕組みも多く提供されていたが，こちらも効果が薄いことや逆にリスクが高まることが指摘され，現在では推奨されないものとなっている。

2.9.2　サーバー側の管理

　図2-1に示したパスワード認証の流れでは，サーバー側がユーザーIDと登録パスワードのデータベースを保持していた。先述した通り，ユーザーが登録したパスワードがそのまま登録されているデータベースはなんらかのアクシデントでデータベースが漏洩した場合にユーザーのパスワードが漏れてしまう恐れがある。そこでパスワードを**暗号学的一方向性関数（暗号学的ハッシュ関数）**を利用しパスワードのハッシュ値を得て，そのハッシュ値をデータベースに保存することで漏えいした場合の対応を行う。暗号学的ハッシュ関数は，入力された情報からハッシュ値を計算する一方向性を持った関数であり，ハッシュ値から元の入力情報を計算することが困難なように設計されている。

　図2-2にハッシュ関数を用いたサーバー側のパスワード管理の概要を示す。まずパスワードの登録時にサーバー側はパスワードのハッシュ値を計算しデータベースに登録する。認証時にはユーザーから入力されたパスワードのハッシュ値を計算し（図2-2の②），その値がデータベースに保存されている値と同じであるかを確認する（図2-2の③）。登録されたパスワードと入力されたパスワードが同じであればハッシュ値も同じになるために，ハッシュ値が同じであるかを確認することで入力されたパスワードが正しいことが確認できる。万が一サーバー側のデータベースが漏えいしても，ハッシュ値だけを手に入れた第3者はその情報から元のパスワードを推測するのが難しいため，なりすましやパスワードリスト攻撃のリスクは高くない。

　ハッシュ値によるパスワード保管はさらに工夫がされている。ハッシュ関数の特性により，同じ入力には必ず同じ出力がされる。例えば"123456"のハッシュ値が"8d969eef6ecad3c29a3a629280e686cf0c3f5d5a86aff3ca12020c923adc6c92"であることがすでにわかっている場合，漏

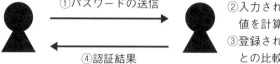

①パスワードの送信
②入力されたパスワードのハッシュ値を計算
③登録されたパスワードハッシュ値との比較
④認証結果

Alice　　　　　　　　　　　認証サーバー

ユーザーID	パスワードのハッシュ値
Alice	**bdec917da3fd43e6d9a28a7dd762d8888 944b8973d1e17174ab2d4758655b3de**
Bob	b28e6e6ab2715faa1df1a2ea833319b687f 0e68c6faa797ae5cf39282388c997
…	

図2-2　ハッシュ関数を用いたサーバー側のパスワード管理

えいしたハッシュ値のデータベースの中にこのデータが存在した場合，そのユーザーのパスワードが“123456”であることがわかってしまう。悪意のある第3者が代表的なパスワードとそのハッシュ値のリストを持っていた場合，漏えいしたハッシュ値のリストから元のパスワードを得ることが可能になってしまうリスクが発生する。こういったリスクへの対策として，**ソルト**（salt）の利用が行われる。ソルトはハッシュ値を計算するパスワードに追加される文字列のことであり，サーバー側にはソルトとパスワードを連結したデータから得たハッシュ値がソルトと共に保管される。この場合，パスワードが“123456”と同じであってもソルトが異なれば全く違うハッシュ値になる。仮にソルト付きのハッシュ値が漏えいした場合でも，ソルト付きのハッシュ値の入力となったパスワードが“123456”であることは推測が困難である。代表的なパスワードそれぞれに対して考え得るソルトのパターンすべてでハッシュ値

のリストを持つことは，データ量や生成負荷を考えると困難であるため，リスクが低減する。

　パスワードのハッシュ値からパスワードを推測する方法として，考え得るパスワードのハッシュ値をすべて求める総当たりの攻撃がある。現在広く使われている SHA-1 や SHA-256 といった暗号学的ハッシュ関数は，その出力が160ビットあるいは256ビットであるために，総当たりを行うにはそれぞれ 2 の160乗あるいは 2 の256乗の回数が必要となり，現時点では現実的ではない。一方でそういったハッシュ関数の計算に必要となる計算能力が将来的に向上した場合には，総当たり攻撃が現実的になる可能性もある。そこで総当たり攻撃のリスクをさらに低減するために，**ストレッチング**が採用されることもある。ストレッチングでは，ハッシュ関数による計算を 1 回だけ用いるのではなく，ハッシュ関数の計算結果を再びハッシュ関数の入力にすることを繰り返す。1000回や10000回などの繰り返しの結果を保管，比較する。これにより計算時間は増加するため，総当たり攻撃を行う攻撃者への対策となる。登録時や毎回の認証時にサーバーの負荷が上がることや認証時間が増加することになるが，サーバー側の負担にならないようにストレッチングの回数が調整される。

2.10　パスワードに対する攻撃

　パスワードで認証を行うシステムに対し悪意のある第 3 者が行う行為（攻撃）は，なりすましが主なものである。この攻撃の成功には ID とパスワードのペアを知らなければならない。第 3 者が ID とパスワードを得る攻撃は，主に以下のものに分類される。

- ●オンライン攻撃
- ●オフライン攻撃

- ソーシャルエンジニアリング
- リスト型攻撃

オンライン攻撃とオフライン攻撃は，ともに考え得るパスワードの種類（またはIDとパスワードの組み合わせ）で試行するもので，**総当たり攻撃**と呼ばれる。オンライン攻撃は実際のサービスに対してリモートからパスワードを総当たりで入力する。オンライン攻撃に対しては，一定時間内で認証を失敗する数に応じてサービスを中断することやアカウントを凍結するなどの対処により脅威を回避可能である。

総当たり攻撃では通常は攻撃対象となるIDを固定して総当たりをしかける。アカウント凍結によりその攻撃は回避可能であるが，アカウント凍結を避ける方法としてパスワードを固定してIDを総当たりにする**リバースブルートフォース攻撃**がある。IDに何らかの規則性や制限がある場合や，パスワード自体も制限があり複雑なパスワードが利用できない場合では，このリバースブルートフォース攻撃の脅威が増す。国内で発生したある航空会社サイトへの不正アクセスでは，このリバースブルートフォース攻撃が行われたのではないかと言われている。

オフライン攻撃は，何らかの方法で取得したIDとパスワードのハッシュ値に対して実際のサービスを使うことなく一致するパスワードを探すもので，攻撃者のコンピューターで実行可能である。とは言うものの，オフライン攻撃は簡単には行えない。ハッシュ値がとりうる値はたとえばSHA-256の場合はハッシュ値のデータが256ビットになるため，2^{256}通りになる。これらに対して総当たりを行うことは多大な時間と多くのCPU等のリソースが必要である。ハッシュ値のオフライン攻撃を強力に行う方法としてレインボーテーブルがある。レインボーテーブルはあらかじめ計算しておいたハッシュ値とその入力データのペアを保存して

あるデータベースであり，一致するものを探すだけで総当たりと比べて圧倒的に早くキーワード（パスワード）を探すことが可能である。レインボーテーブルを作成することは総当たり攻撃を行うことと同じ労力を要するが，レインボーテーブルは 1 度作成すれば再利用が可能である。レインボーテーブルは販売されているものもあることから，金銭コストを負担すれば容易にオフライン攻撃ができるようになる。

　レインボーテーブルを用いたオフライン攻撃への対策には，先述したソルトの導入がある。ハッシュ値とソルトが漏えいした場合には総当たりによるオフライン攻撃は変わらず可能であるが，レインボーテーブルを用いた攻撃は難しくなる。

　ソーシャルエンジニアリングは，ユーザーの心理や認知を悪用し，情報や通信の技術を利用することなく ID とパスワードを窃取する方法である。具体的な方法としては，上司を騙って電話をかけて ID とパスワードを聞き出す方法がある。またサービス事業者になりすまして電子メールを送り，ID とパスワードの入力を偽サイトで行わせるフィッシング攻撃もソーシャルエンジニアリングの一種ということもできよう。

　何らかのインシデントにより漏えいした ID とパスワードの組み合わせのデータセットを，別のサービスのログインに用いる攻撃がある。これは**リスト型攻撃**と呼ばれる。一般ユーザーの特性として，多数のサービスですべて異なる ID とパスワードを設定して適切に管理することの煩雑さから ID とパスワードを使いまわす傾向がある。リスト型攻撃はその特性を悪用した攻撃手法である。ID とパスワードが使いまわされている場合，リスト型攻撃により不正にアクセスされてしまうリスクが高くなる。

3. 認証と認可

　日本語に一般的に利用される認証という言葉は，様々な意味を持ちうる。アクセスしてきている相手が誰かを判断することも認証と呼んだり，確認された相手に対してアクセスを許可することも認証の意味に含むことがある。時には，何かの確認をしたことさえ「認証した」ということもある。

　情報技術においては，これらは認証とは別の言葉として明確に定義がされている。本書では認証を「自分が何者であるかを主張しサービス事業者に本人性を確認してもらう」と定義している。一般的なシステムにおいては，サーバー側はアクセスしてきたユーザーの認証を行った後にそのユーザーの持つ権限に応じたサービスの提供を行う。ユーザーは権限に応じてサービスのデータやネットワークなどのリソースを利用できる。こういったユーザー権限に応じたリソースに対するアクセス制限を**認可**（Authorization）と呼ぶ。認証と認可は密接な関係にあるが，別のものとして認識することが重要である。例えば，認証せずに認可するというケースもある。アクセスした時間がある特定の時間帯であればだれでもアクセスできるというようなサービスの場合は，それは認証は行っていないが認可は行っていることとなる。

　認証と認可を明確に区別することにより，ユーザーID の管理とリソースへのアクセス権限の管理が分離され，組織内における認証の統一化や組織間にまたがるリソースアクセスの認可機構などが実現されるようになる。

4. シングルサインオン

　認可を利用して，１度認証を受ければ複数の別々のサービスのリソー

スが利用可能にすることができる。例えば 1 度認証を受けた後，認証さ
れたことを示す ID トークンを発行してもらい，そのトークンをそれぞ
れのサービスに提示することでそれぞれのサービスでは認証をせずとも
リソース利用の認可を得られるような仕組みがある。こういった 1 度の
認証により複数のサービスのリソースを利用できる仕組みは，総称して
シングルサインオン（Single Sign On，SSO）と呼ばれるが，その実現
技術は複数の手段がある。

　例えば，各サービスのサーバーにはそれぞれ異なったユーザーID と
パスワードが設定されているが，それらに対する認証を代理で行うサー
バーを用意し，ユーザーはその代理サーバーにアクセスをして認証され
ることで，ユーザーの視点では 1 度の認証で複数のサービスを受けられ
るようになる仕組みがある。こういった代理認証の方式ではユーザーか
ら見える部分が統一化されているが，実際のプロトコルではこれまでと
同様の認証作業が動いている。

　組織内に複数のサービスがある場合にそれぞれのサービスでユーザー
ID とパスワードを管理するのではなく，組織内のユーザーID とパス
ワードを統合的に管理するサーバーを用意し，各サービスは統合管理
サーバーより ID とパスワードの情報を提供されるという仕組みもある。
統合 ID 管理サーバーは認証を受け持ち，1 度認証をされたらユーザー
側の端末にトークンを配布し，各サービスにアクセスするときにトーク
ンを提示することで，認証せずともサービスが利用になる。代理認証の
方法とは異なり，認証作業自体は 1 度となり，それ以外の通信ではトー
クンの提示により認可がされる方法となっている。Windows の Active
Directory などはこういった方法が採用されているが，組織内のサービ
スだけに限定されるという特徴があった。

　近年では，組織内にサービスを立ち上げるだけでなく，様々なクラウ

ドコンピューティング事業者が提供するサービスを業務として利用することも多くなった。しかし先述の例では1度の認証でそれらクラウドサービスまで含んだ連携は実現されなかった。そこでさらに多くの技術が開発され，組織を超えたシングルサインオンが実現されるようになった。IDを統合することをせず，それぞれのIDを連携させることで認証サーバーによる認証後は連携されるサービスを利用可能にするSAMLやOpenIDなどのIDや認証の連携技術が現在では広く利用されている。認証の連携後はそれぞれのサービスにおいて適切な認可が必要となるが，そこではOAuthなどの技術が現在では広く利用されている。

研究課題

1）リモート認証において生体認証が用いられることは現在では一般的には利用されておらず，ローカル認証において採用されていることが多い。なぜリモート認証で生体認証が用いられていないかの理由を考察してみよう。

2）パスワードは非常に長い歴史を持つ技術であるが，情報技術が発達した現代においても主要な認証手段となっている。代替となり得る認証技術はいくつも存在しているが，パスワードに代わって主要な認証手段となっている手法はまだない。パスワードがなぜこれほど長きにわたって主要な認証手段になっているのかを考えてみよう。その際に，パスワードの利点と欠点，代替認証技術の利点と欠点を，技術面や利用環境面を考慮して議論すると良いだろう。

参考文献

［1］Grassi, P. A., J. L. Fenton, and M. E. Garcia. "NIST Special Publication 800-63-3. Digital Identity Guidelines. Revision 3."（2017）

［2］JIPDEC "NIST Special Publication 800-63-3, Revision 3, Digital Identity Guidelines（翻訳版）",（2017）

3 | 情報セキュリティの基盤技術「暗号」

金岡　晃

《**本章のねらい**》　暗号と認証の基本的な考え方及び両者の関係，古典暗号と現代暗号の違い，現代暗号の標準化プロセス，暗号の危殆化，代表的現代暗号について述べる。TLS（https），PKI。Web 証明書，ソフトウェア署名。
《**キーワード**》　暗号，電子署名

1．暗号とは

　一定の規則に従って情報を秘匿する暗号方式（Cipher）は古来より広く利用されてきた。

　Cipher では情報の機密性を守るために平文（Plaintext）を鍵を用いて暗号文（Ciphertext）に変換する。現代では情報を秘匿化する Cipher だけでなく，情報通信において第 3 者による情報の覗き見や改ざんに対応する技術群が広く Cryptography と総称されて利用されている。日本語では Cipher と Cryptography が共に「暗号」と訳されて混同されてしまうことがあるが，本書では Cryptography を「**暗号**」と呼ぶこととし，Cipher について言及するときは「**暗号方式**」と明記することとする。

　本章では暗号（Cyrptography）の概要を解説する。暗号には先述した暗号化だけではなく，署名（Signature）や鍵合意（Key Agreement），メッセージダイジェスト（Message Digest）といった技術が含まれる。またそういった技術の解読も暗号に含むこともある。

2. 古典暗号と現代暗号の違い

2.1　古典暗号

　暗号方式は古来より文章を秘匿化するために広く使われてきていた。そこでは平文の文字を並び替えて暗号文を作成する転置式暗号や，特定の文字（列）を別の文字（列）に変換することで暗号文を生成する換字式暗号が主流であった。

　換字式暗号では変換するルールを固定するだけでなく，変換ルール自体を暗号化とともに変化させていく方式など多くの種類の暗号が提案され使われてきていた。

　最も古い暗号の 1 つとされるシーザー暗号は換字式暗号の一種であり，アルファベットを 3 文字ずらして記載することで平文を暗号文に変換していた。この場合「3 文字」が暗号鍵にあたり，暗号化は暗号鍵（3文字）の分シフトさせる作業であり，復号はその逆の作業であった。

2.2　現代暗号

　情報の秘匿性の重要性は，情報通信の発達に伴い高まってきた。それに従い，暗号方式もこれまでにないものが求められるようになった。1970年代になり，米国政府が標準暗号を公募し DES（Data Encryption Standard）が作成された。また近い時期に画期的な暗号方式のアイデアとして暗号化と復号に用いる鍵が異なる公開鍵暗号が提案された。

　この時期より暗号の研究が盛んに行われるようになり，様々な暗号技術が提案され現代の広い利用につながっていった。本書ではこれらの時期以降の暗号を**現代暗号**と呼び，それ以前の暗号を**古典暗号**と呼ぶこととする。

　現代暗号においては，暗号技術はいくつかの種類に分類される。ここ

では共通鍵暗号，公開鍵暗号，暗号学的ハッシュ関数，疑似乱数生成器について解説を行う。現代暗号にはこれら以外にも秘密分散法やゼロ知識証明，マルチパーティープロトコルなど多くの手法がある。

3. 共通鍵暗号

暗号化と復号に同じ鍵を用いる暗号方式を**共通鍵暗号**と呼ぶ。共通鍵暗号は，その他にも秘密鍵暗号や対称鍵暗号，慣用暗号とも呼ばれている。また共通鍵暗号に用いられる鍵を秘密鍵（Secret Key）と呼ぶ。

共通鍵暗号は暗号化と復号に同じ鍵を用いるため，暗号文のやりとりを行う前に暗号鍵を送信者と受信者の間で共有する必要がある。情報通信が発達したことにより非常に長距離でも情報の送受信が可能になった一方で，暗号鍵の安全な共有の困難性が増した。後述する公開鍵暗号はこういった鍵の共有問題を解決する1つの手段として利用可能である。共通鍵暗号は暗号鍵を共有する必要性があるとはいえ，暗号文の処理速度で公開鍵暗号より優れており，現代では両者が用途に応じて使い分けがされている。

代表的な暗号アルゴリズムには AES（Advanced Encryption Standard）がある。AES は米国の標準技術研究所（National Institute of Standards and Technology，NIST）により2001年に定められた米国標準暗号であり，先述した DES の後継として公募された技術である。

3.1 ブロック暗号とストリーム暗号

現代暗号における共通鍵暗号は，大きく**ブロック暗号**と**ストリーム暗号**に分けることができる。暗号化を施すデータを一定のサイズで区切って暗号処理を行う方式をブロック暗号と呼び，データを1ビットまたは1バイト単位でデータストリームとして暗号化を行っていく方式をスト

リーム暗号と呼ぶ。ブロック暗号の代表的な手法としては AES が挙げられ，ストリーム暗号の代表的手法としては ChaCha20が挙げられる。

3.2 暗号利用モード

　ブロック暗号は，そのブロック暗号の利用法を定義する**暗号利用モード**があり，様々な利用モードを採用することでデータ秘匿化やメッセージの認証，またブロック暗号をストリーム暗号として利用することが可能になる。代表的な利用モードには，データ秘匿化に用いられる ECB（Electronic Codebook），CBC（Cipher Block Chaining），OFB（Output Feedback），CFB（Cipher Feedback），CTR（Counter）や，メッセージ認証に用いられる CCM（Counter with CBC-MAC），GCM（Galois/ Counter Mode）などがある。データ秘匿に用いられるモードのうち，OFB，CFB，CTR はブロック暗号をストリーム暗号として利用可能にするモードとなっている。

　ECB モードは最も単純な暗号利用モードであり，それぞれのブロックが独立して暗号化される（図3-1）。独立して暗号化されるため，対象となるブロックの前後のデータがどういう内容であるかは関与されない。ブロックの平文が同じであれば同じ暗号文が出てくるために，暗号

図3-1　ブロック暗号の ECB モード

文のブロック群の中に同じ内容のブロックがある場合，対応する平文の
ブロックも同じ内容であることがわかってしまい，秘匿性に問題が生じ
る。このため，ECBモードの利用は推奨されていない。

　その他のモードについては，秘匿性を高めるためにブロック間に連携
を持たせる工夫などがされている。たとえばCBCモードでは1つ前の
暗号文ブロックと平文ブロックの排他的論理和（XOR）を計算した後
に暗号化されるために，同じ平文ブロックであっても1つ前のブロック
の情報により同じ暗号文ブロックになる可能性が低くなる（図3-2）。
CTRモードではブロックのカウンタを用意し，ブロックごとに1つず
つカウンタ増加させていく。暗号ブロックは，カウンタを暗号化したも
のと平文ブロックをXORすることで得られる。

　メッセージ認証に用いられるGCMは，認証付き暗号（Authenticated
Encryption with Associated Data，AEAD）の1つであり，メッセー
ジの暗号化だけでなく，そのメッセージの完全性と認証
（Authentication）を提供する。鍵を用いたハッシュ関数であるGHASH
を用いてメッセージ認証コード（Message Authentication Code,

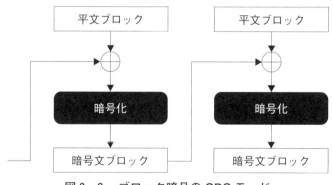

図3-2　ブロック暗号のCBCモード

MAC）を生成し，暗号化データとメッセージ認証コード（GCM ではタグと呼んでいる）を合わせて出力する。メッセージ認証コードにより，受信者は暗号化データが改ざんされていないかの確認と，なりすましがないことの確認ができる。

4.　公開鍵暗号

　暗号化と復号に異なる鍵を用いる暗号方式を**公開鍵暗号**と呼ぶ。暗号化に用いる鍵は秘匿化する必要なく広く公開可能であることから公開鍵（Public Key）と呼ばれる。復号に用いる鍵を秘密鍵（Private Key）と呼び，公開鍵とは対照的に所有者本人だけが持ち秘匿化する必要のある鍵となっている。共通鍵暗号に用いられる鍵も日本語で秘密鍵と呼ばれ混同することがあるため，プライベート鍵や私有鍵と呼ばれることもある。

4.1　Diffie-Hellman 鍵交換

　Diffie と Hellman が1976年に提案した手法は，お互いの秘密の情報を相手に開示することなく情報の共有が可能なものであった。この手法は**Diffie-Hellman 鍵交換**（Diffie-Hellman key exchange）と呼ばれている。Diffie-Hellman 鍵共有とも呼ばれるこの手法は，通信路の途中で第3者が通信内容を覗き見したとしても，お互いの秘密や共有される情報の計算が困難なものとなっていた。情報の共有が可能でありながら他者による秘密の情報の導出を困難にすることの実現に，整数論における計算の困難性の1つである離散対数問題が利用された。公開鍵暗号はこのように，数学における解決困難な問題を応用して暗号技術を構成するものが多い。

　Diffie-Hellman 鍵交換の概要を図3-3に示す。

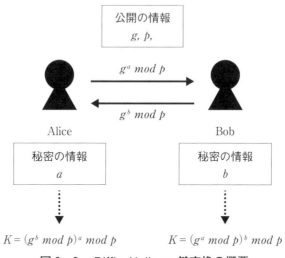

図 3 - 3　Diffie-Hellman 鍵交換の概要

　Diffie-Hellman 鍵交換は通信内容を覗き見されても共有される情報が計算困難であることから，共有される情報を共通鍵暗号の鍵として利用可能にし，情報通信の時代を迎えて困難性が高まっていた共通鍵の暗号鍵共有問題を解決することができた画期的なものであった。

4.2　RSA

　Diffie-Hellman 鍵共有と同時期に，Rivest，Shamir，Adleman の 3 人により暗号化と復号に異なる鍵を用いる暗号方式が提案された。この手法は提案者らの頭文字をとり **RSA 暗号** と呼ばれている。RSA 暗号も Diffie-Hellman 鍵共有と同じく暗号の安全性実現に数学的な計算困難性を利用した。ただし離散対数問題ではなく，もう 1 つの整数論における代表的な計算困難性である素因数分解の問題が利用された。

　RSA 暗号では，誰でも利用可能な公開鍵を用いた暗号化の行為と，

所有者だけが利用可能な秘密鍵を用いた復号の行為が対称的に構成されており，数学的にはその順序を変えても同じ結果が得られるという特徴を持っていた。そのため，平文に対して先に所有者だけが利用可能な秘密鍵を用いた復号行為を行い，その後に誰でも利用可能な公開鍵を用いて暗号化行為を行っても平文が復元される。この「誰でも平文が復元される」という行為は，平文が復元されたことでその前段に行われた処理が所有者しかし得ないことを確認できる行為を示すために，電子的な署名として利用することも可能となっている。このように RSA 暗号は電子署名としても利用可能であり，その場合には所有者だけが利用可能な鍵は署名鍵，だれでも利用可能な鍵を検証鍵と呼ぶ。

4.3 DSA

電子署名用の公開鍵暗号アルゴリズムにはその他に DSA（Digital Signature Algorithm）が広く知られている。これは DES や AES と同様に NIST により標準化された電子署名アルゴリズムである。RSA 暗号とは異なり，暗号用途には利用できず電子署名に特化したアルゴリズムとなっている。

また DSA の変種として，楕円曲線上の点の加算を応用して構成された楕円曲線 DSA（Elliptic Curve Digital Signature Algorithm, ECDSA）も提案されており，現代では様々な場面でこの ECDSA が電子署名に広く利用されている。

4.4 公開鍵暗号の用途

公開鍵暗号の用途は，暗号化（Encryption）と鍵交換，認証，電子署名と多岐にわたる。

Diffie-Hellman 鍵交換は鍵交換に特化したアルゴリズムであり，DSA

や ECDSA は電子署名に特化したアルゴリズムである。RSA 暗号はこれらの中では特殊であり，暗号化や鍵交換，認証，電子署名と様々な用途に利用可能である。

5. 暗号学的ハッシュ関数

暗号方式によるデータ秘匿は情報通信の時代において第 3 者に情報を覗き見されないために重要な要素であるが，データの送受信においてはまた別の問題も存在する。

デジタル通信においてはデータの書き換えが容易であり，データそのものからは書き換えがなされたかどうかの確認が難しい。データ送受信の途中経路で何者かが途中のデータの変更や追加，削除を行ったとしてもそれを確認することは困難となる。そのため，信頼できる通信のためにはデータが送信時から変更がされていないかを確認できる仕組みを合わせて導入することが必要となる。

暗号学的ハッシュ関数はそういったデータの変更がなかったこと（非改ざん性）の保証が可能な技術である。

ハッシュ関数は，任意のデータを入力としてその代表的な値を出力する関数であり，暗号だけでなくデータ処理において広く利用されている技術である。ハッシュ関数のうち暗号技術に利用するためにいくつかの安全性要件を満たした関数を暗号学的ハッシュ関数と呼ぶ。求められる安全性要件には以下のものがある。

- ハッシュ値から圧縮前のデータを復元することが困難であること（一方向性）
- あるハッシュ値と同じハッシュ値を持つ異なる入力データを見つけることが困難であること（第二原像困難性）
- 同じハッシュ値を持つ 2 つのデータの組を見つけることが困難であ

ること（衝突困難性）

　暗号学的ハッシュ関数の代表的なものとして，SHA-256 や SHA-512
がある。SHA-1 や MD5 といった方式も過去に広く利用されてきていた
が，これまでの研究で衝突困難性が満たされないことが明らかになって
おり利用が推奨されなくなってきている。

　暗号学的ハッシュ関数は，データ送信において送られるデータのハッ
シュ値計算に用いられ，そのハッシュ値はデータと共に送信される。
データ受信者は，受け取ったデータからハッシュ値を計算し，受け取っ
たハッシュ値と同じになるか確認することで経路途中でデータが変更さ
れていないことを確認できる。この用途はデータ送受信にとどまらず
データの保管においても用いられる。また，ハッシュ値は電子署名の対
象としても利用されている。公開鍵暗号による電子署名は演算時間が共
通鍵暗号に比べて大きいことに加え，署名の対象となるデータは様々な
サイズに及ぶために，まず署名対象となる元データのハッシュ値を暗号
学的ハッシュ関数で求め，そのハッシュ値に対して署名が行われること
が一般的である。

　暗号学的ハッシュ関数の応用としてメッセージ認証コード（MAC）
がある。データとともに鍵をハッシュ関数の入力とすることにより，鍵
を共有している受信者が送信者によりコード生成されたことを認証可能
になる。具体的なアルゴリズムとして HMAC がある。

6.　疑似乱数生成器

　暗号において乱数は重要な意味を持つ。

　暗号の鍵はランダム性（無作為性）を持つことが求められるために乱
数が用いられることが一般的であり，後述するように現代暗号はその暗

号アルゴリズムは公開され，秘密にされるのは鍵だけとなっている。鍵の情報が類推可能であった場合，暗号文のデータそのものが危険にさらされるために，鍵のランダム性は非常に重要となる。

　一方で，コンピューター等を通じて規則性や再現性のない真の乱数を生成することは困難である。そのため，一見ランダムに見える系列を生成する疑似乱数生成器が用いられる。

　疑似乱数生成器により出力されたデータ系列はアルゴリズムによっては予測可能なケースは多く，そういったアルゴリズムを用いて出力されたデータは暗号の鍵として用いるには不適切である。そのため，暗号に用いられる疑似乱数生成器は，ランダム性に加えて予測不可能性が求められるなど，より高い要件が課せられている。

7. 暗号と認証

　第2章で解説した認証技術では，認証の実現に暗号技術が利用されることが多い。例えばパスワード認証においては，パスワードはハッシュ関数を用いてハッシュ値として保管されているがここで用いられるハッシュ関数は暗号学的ハッシュ関数が用いられる。またチャレンジレスポンスで用いられるチャレンジでは，暗号学的な疑似乱数生成器により生成されたランダムなデータが用いられる。さらに，秘密鍵（Private Key）を用いてチャレンジに対して署名作業を行い検証をすることで認証する公開鍵暗号を用いた認証方式もあり，暗号技術は広く認証技術に採用されている。

8. 現代暗号の標準化プロセス

　古典暗号では，秘匿されるのは暗号アルゴリズムと鍵の双方であることが多かったが，現代暗号では暗号アルゴリズムは公開され，鍵だけが

秘匿されることが一般的である。こういったスタンスを指す「暗号は鍵以外の情報が公開されたとしてもなお安全でなければならない」というケルクホスの原理は広く知られており，米国標準として制定されてきた DES や AES，SHA-256 などはアルゴリズムが公開されている中で世界中の研究者により様々な検証を受けて成立されたものとなっている。現代暗号はこのようにアルゴリズムが公開され，また一定の期間の中で様々な評価を受けて標準技術として選定されることが一般的となっている。

　暗号技術の標準化は国際的な標準化団体における標準化と，国ごとの標準化に大別される。国際的な標準化団体としては，ISO や ITU-T，IETF などが暗号技術の標準を定めている。

　国ごとの標準化では，米国の標準が世界的に最も影響が高いといってよいだろう。米国の標準は連邦情報処理標準（Federal Information Processing Standards, FIPS）として定められており，標準技術研究所（NIST）により発行されている。米国の連邦政府機関及び請負業者が利用するための標準規格となっている。多くの FIPS 標準規格は，ISO や IETF などの標準規格に採用されるなど影響力が高い。またガイドラインの位置づけとして Special Publication（SP）文書も公開されており，標準技術という位置づけではないものの同じく世界的に影響力の高い文書となっている。日本においては，電子政府推奨暗号の安全性を評価・監視し，暗号技術の適切な実装法・運用法を調査・検討するプロジェクトである CRYPTREC により「電子政府における調達のために推奨すべき暗号リスト（CRYPTREC 暗号リスト）」が策定されており，こちらも標準という位置づけではないもののそれに準ずる文書となっている。

　多くの標準では，標準化技術として定める前に技術の公募が行われ，

評価期間を経て標準技術として定められている。代表的な例は米国における暗号技術の標準化プロセスであろう。AES は1997年に NIST により公募が開始され，世界中から21の方式が応募された。応募された中から公募要件を満たす15方式が安全性や実装の性能の評価を受け，最終候補として5方式が選ばれた。そして最終選考を経て，最終的にベルギーの研究者である Daemen と Rijmen が設計した Rijndael が2000年に採用された。

2021年2月現在，NIST は耐量子暗号（Post-Quantum Cryptography）の標準化を進めており，そこでは2016年より標準化作業が開始されて同じく公募によりアルゴリズムを募集した。暗号化，鍵交換，電子署名のそれぞれについて，量子計算機が実用化された後でも安全性の高さが望める公開鍵暗号技術が議論されている。

9. 暗号を利用したセキュリティ技術

9.1 PKI

公開鍵暗号では公開鍵を広く第三者が利用可能なようにするが，その際に「この公開鍵は，本当にその持ち主を主張するユーザーの公開鍵なのか」を検証することが重要になる。あるユーザーの公開鍵をそのユーザーから直接受け取ることが可能であればその検証は可能であるが，そうでないケースではなんらかの手法で公開鍵の検証を行う必要がある。

PGP（Pretty Good Privacy）では当事者間による公開鍵の交換とその保証の署名をお互いに付ける信頼の輪により公開鍵の所有者情報を検証可能にしている。それと比して，信頼のおける機関を立て，その機関によりその公開鍵の所有者が証明される仕組みを設けて公開鍵を検証できる基盤が提案された。これが**公開鍵基盤**（Public Key Infrastructure, PKI）である。信頼のおける機関は公開鍵の証明のために証明書を発行

する。このとき信頼のおける機関は認証局（Certificate Authority,
CA）と呼ばれ，公開鍵証明書には認証局の署名鍵により電子署名が付
与される。公開鍵証明書を受け取ったユーザーは，信頼できる認証局の
公開鍵を用いることでその公開鍵証明書を検証でき，その公開鍵が証明
書に記載されてる（主張されている）ユーザーのものであることが確認
できる。

　公開鍵証明書を受け取ったユーザーはあらかじめ自身が信頼できる認
証局を保持しておき，受け取った証明書がその信頼できる認証局やその
下位認証局から発行されているかを検証する。現在の多くの OS や
Web ブラウザには信頼できる認証局情報があらかじめ組み入れられて
いる。

9.2　TLS

　TLS（Transport Layer Security）は暗号化だけではなく認証，メッ
セージ認証などセキュリティの機能を提供する機構である。特定の通信
プロトコルに依存せず，組み合わせて利用することで様々な通信プロト
コルにセキュリティ機能の提供が可能である。例えば Web では HTTP
と TLS を合わせて利用することが一般的である。電子メールの送受信
プロトコルである SMTP や POP，IMAP での利用も広まっている。現
在もっとも広範に利用されている暗号利用サービスと言ってよいだろ
う。

　Web での TLS 利用は Web サーバーによる TLS 証明書を用いてサー
バー認証を行うものが一般的である。Web サーバーの証明書利用はブ
ラウザベンダの推進もあり特に広範にわたっており，ブラウザによって
は信頼できる Web サーバー証明書による TLS 利用がされていない通
信に関しては「保護されていない通信」といった情報が画面に表示され

るなど，TLS を使うようにするように向かっているものもある。

9.3 コード署名

　電子署名は現在**コード署名**として広く使われている。これはクライアント側の端末にソフトウェアをインストールする際に，インストールするソフトウェアが OS ベンダ等により正しい配付元から配付されているかどうかを検証するために用いられる。Windows や Mac OS，Android OS や iOS など，代表的な OS ではインストールするアプリケーションに適切なコード署名がされていることが求められている。

9.4 エンドツーエンド（E2E）暗号化

　これまで通信の暗号化やそこで送受信されるメッセージの暗号化はクライアントとサーバー間でされることが主であり，サーバー側はその場合，ユーザー間で送受信されるメッセージを閲覧することが可能であった。2010年代半ばより，暗号化と復号をユーザー間で直接行う方式が多くなってきた。サーバーは暗号化に関与せずエンドユーザー間が暗号化と復号を行うこの方式はエンドツーエンド（E2E）暗号化と呼ばれ，日本で代表的なメッセージングツールである LINE でも採用されている。

🔋 研究課題

1）OS や Web ブラウザには信頼できる認証局情報があらかじめ組み入れられているが，利用者としてこれらのリストを信頼してよいかを考えてみよう。また新たに信頼できる認証局情報を加えるとなったときに，何によってどう信頼することが望ましいかを考えてみよう。

参考文献

［1］結城浩，"暗号技術入門 第3版 秘密の国のアリス"，SB クリエイティブ，2015

［2］縫田光司，"耐量子計算機暗号"，森北出版，2020

［3］黒澤馨，"現代暗号への招待"，サイエンス社，2010

［4］W. Diffie and M. E. Hellman, "New Directions in Cryptography", IEEE Transactions on Information Theory, vol.IT-22, No.6, pp.644-654, Nov, 1976

4 | マルウェア

金岡　晃

《**本章のねらい**》　インターネットの一般利用者の立場から，サイバー犯罪とは何かを学ぶ。次にそれらの犯罪から身を守るために，マルウェアの種類や感染経路について述べる。
《**キーワード**》　サイバー犯罪，マルウェア，コンピューターウイルス

1. サイバー犯罪とは

　サイバー空間における犯罪は**サイバー犯罪**と呼ばれている。明確な定義はないものの，令和2年版警察白書によるサイバー犯罪の検挙情報では以下の区分が示されている。
- 不正アクセス禁止法違反
- コンピューター・電磁的記録対象犯罪
- 児童買春・児童ポルノ禁止法違反
- 詐欺
- 著作権法違反

　不正アクセスとは，他人のIDとパスワードで会員制のサイトにアクセスすることや，本来アクセス権のないコンピューターシステムに侵入することを指す。こういった不正アクセス行為を禁止する法律が「不正アクセス行為の禁止等に関する法律」（通称，不正アクセス禁止法）である。この法律では不正アクセス行為に繋がるIDやパスワードの不正

取得や不正アクセス行為を助長する行為の禁止も含んでいる。

　コンピュータ・電磁的記録対象犯罪は，警察白書では「刑法に規定されているコンピュータ又は電磁的記録を対象とした犯罪」と定義されている。サーバーシステム等に保管されているデータを不正に書き換える行為や，クレジットカードの偽造や偽造を目的として不正に情報を取得する行為が含まれる。例えば不正に書き換える行為では，サーバーシステム上の脆弱性を悪用しアクセス制限を迂回してデータの書き換えを行うことなどが具体例として挙げられる。また，利用者がコンピューターを利用するときに意図に沿う動作をさせない，または意図に反する動作をさせるべく不正な指令を与えることはウイルス作成・提供罪やウイルス共用罪，ウイルス取得・保管罪に問われ，これらもコンピュータ・電磁的記録対象犯罪に含まれる。

　不正アクセスに関わる行為では，その多くがパスワードといった識別符号の窃用となっており，設定・管理の甘さによる不正アクセスや，他人からの入手，元従業員や知人による不正アクセスが多くを占める結果となっていた。

　また不正アクセス後の行為では，インターネットバンキングでの不正送金や，インターネットショッピングでの不正購入，メールの盗み見等の情報の不正入手が多くを占め，実害を伴う被害が起きていることがわかる。

　一方，不正プログラムを用いてコンピューターに侵入するなどのサイバー攻撃の脅威も多くなっている。侵入対象が重要インフラの基幹システムや，政府機関や企業などを対象にしているものもあり，それらへの対策も重要となっている。

2. マルウェア

　サイバー犯罪やサイバー攻撃は，ユーザーによる設定の不備など人間的側面を狙って行うものと，不正なプログラムを利用して侵入や情報の詐取を行うものに大別される。**マルウェア**（Malware）とは不正な行為を行う意図で作成された悪意のあるソフトウェアの総称である。いろいろな種類がありいくつかの視点で分類されている。例えば**ウイルス**やワーム，スパイウェア，アドウェア，ボット，バックドア，ランサムウェア，などが含まれる。

2.1　感染経路

　マルウェアは様々な感染経路を持つ。ここではいくつか代表的な例を紹介する（図4-1）。現代のマルウェアは下記の複数の経路により感染

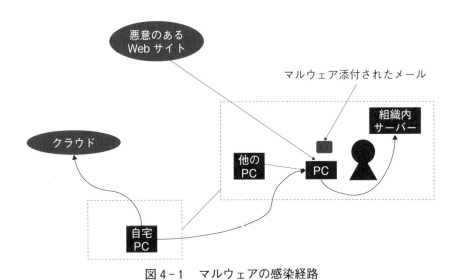

図4-1　マルウェアの感染経路

させるものや，感染後の拡大に複数の手段を使うなど巧妙化している。

2.1.1　電子メール

　電子メールにマルウェアがファイルとして添付されて，受信者が気づかずにそのファイルを実行することでその端末がマルウェアに感染するケースがこれにあたる。このときユーザーが信頼しやすい言葉が並べられるなどしてあたかも正しいメッセージであるかのように擬態し，ユーザーにマルウェアの実行を促す。そのため形としては「ユーザーがインストールを明示的に許可した」としてマルウェアがその端末にインストールされることとなる。

　従来は電子メールに記載されている文章などは英語だけであったり，質の低い翻訳であったりするなど比較的判断が付きやすいものであったが，それらは次第に高度化してきており判断が難しくなってきている。2019年より広く感染が確認されている Emotet では，正規にやりとりされているメール文章を利用しその返信を装って送られてくることがわかっている。また時期に応じた文面にするなど，ユーザーに疑いを抱かせない手口となっている。

　電子メールを介した感染では，ソフトウェアのプレビュー機能の脆弱性を狙い閲覧しただけで感染させることを狙うケースもある。

2.1.2　Web 閲覧

　電子メールやメッセージングツール，SNS に掲載された URL によりブラウザで悪意のあるページに誘導され，そこに掲載されている情報を見るだけで端末がマルウェアに感染するケースがある。このケースでは主にブラウザの脆弱性が利用される。

　また電子メール等のメッセージ本文に URL が記載されており，そこ

にアクセスするとマルウェアがダウンロードされ，ユーザーが気づかずに実行することで端末がマルウェアに感染するケースもある。このケースでは端末やメッセージングソフトウェアの脆弱性を利用するものではなく，電子メールの添付ファイルの実行と同様に URL 以外の部分でユーザーが信頼しやすい言葉を並べるなどして実行が促される。

2.1.3 ネットワーク感染

ネットワーク通信をするソフトウェアの脆弱性を利用し感染を広げるタイプのマルウェアや，ファイル共有を利用して自身をコピーすることにより感染を広げるタイプのマルウェアが存在する。

2.1.4 外部記憶装置

あらかじめ感染している端末に USB メモリー等の外部記憶装置が接続されると自分自身を外部記憶装置内にコピーし，その外部記憶装置が他の端末に接続した際に感染を広げさせるマルウェアが存在する。

2.2 マルウェアの実体

マルウェアはそれ自体が単体のプログラムとして存在するケースと，他のプログラムに寄生するタイプに大別することができる。後者をウイルスと呼ぶこともある。

また前者のケースでは，無害なソフトウェアであると誤認させてインストールさせるものも存在する。

2.3 マルウェアの種類

マルウェアはその機能により様々な分類が行われる。ここではいくつかのマルウェアの種類を紹介する。なお，それぞれの種類は厳密な用語

定義や機能の分類が行われているわけではなく，慣例的に呼ばれていることが多い。また近年のマルウェアは下記の種類の複数の機能を併せもつなど，高度化や複雑化している点も挙げられる。

2.3.1 スパイウェア

　スパイウェアは，端末を利用するユーザーの情報などを収集し，外部の第3者に送信するソフトウェアである。ユーザーの意図に反してインストールされ，Web閲覧情報や利用しているソフトウェアの情報，さらには端末内の個人の情報を収集するなどの行為をする。

　スパイウェアはさらに細分化され，キーボード入力を監視・記録してそれを外部に送信するキーボードロガーや，広告を強制的に表示させるアドウェアなどもスパイウェアと呼ばれる。

2.3.2 バックドア

　直訳すると「裏口」であり，その名称の通り，感染したPCなどの端末に通常ではアクセスできない裏口を設け，攻撃者の侵入を導くソフトウェアである。単体での脅威は少ないが，バックドアを通じた侵入により端末の内部にある情報が盗まれたり，その端末が接続しているネットワークを通じてさらに他の端末へと攻撃をするような用途に用いられるなどさらなる悪用につながるものである。

2.3.3 ボット

　感染した端末を攻撃者の管理下に置きリモートから操作可能にされるようなソフトウェアをボットと呼ぶ。ボットに感染した端末は，同じく感染した他の端末とネットワーク化され，攻撃者の指示のもとで一斉に操作されるなどの動きをする。攻撃者が指示を行うサーバーをC＆C

（Command and Control）サーバーと呼び，ボットにより構成された
ネットワークはボットネットと呼ばれる。ボットネットは時間貸しや売
買されるなど別のサイバー犯罪やサイバー攻撃に利用される。例えば特
定の組織のサービスやシステムを狙った DDoS 攻撃や，特定の組織の
Web サイトを装いユーザーID とパスワードを不正に取得するフィッシ
ングサイトの構築，大量の広告メール送信，暗号通貨の採掘処理など，
様々なケースが存在する。

　ボットネットのC＆Cサーバー追跡とその活動停止活動はテイクダウ
ンと呼ばれ，2019年から2021年にかけて猛威をふるっていた Emotet で
は，そのテイクダウンが過去にない大きな成功事例であるとして報告が
されている。

2.3.4　ランサムウェア

ランサムウェアは，感染した端末内のデータを使用不能にし，復旧す
るために金銭を要求するマルウェアである。使用不能と復旧に暗号技術
を利用することで高い脅威となっている。感染すると端末内のデータを
暗号化し，使用不可にする。そして使用不可になったことを PC 上に通
知し，金銭を支払えば復号のための鍵とツールを提供すると伝える。復
号のための鍵はランサムウェアの提供側のサーバー側が管理し，金銭の
支払いによりその鍵が提供されるケースもあれば，金銭を払っても鍵が
提供されないケースもあり，確実なデータ復旧が保証されているわけで
はない。

　2013年に登場した CryptoLocker は，金銭支払いや復号のための鍵取
得に高い匿名性を持っており，利用する暗号技術も公開鍵暗号を用いる
など高い技術を持っていた。金銭の支払いも匿名性の高いシステムを利
用するなど，実害が大きく攻撃者の特定も難しいマルウェアとなってい

る。

2.3.5　ダウンローダー

ダウンローダーは，他のマルウェアをダウンロードする機能を持つマルウェアである。単体ではマルウェアとして悪意のある活動をすることはなく，他のマルウェアをダウンロードして感染させることでさまざまな攻撃を行うことを可能にする。

2.4　マルウェア感染の影響

マルウェアに感染した端末やその利用ユーザーは様々な影響を受ける。現代ではダウンローダーやバックドア，ボットにより感染後にさらに別の攻撃を受けることや攻撃の踏み台にされるなど複雑化しているため影響は多岐にわたる。

感染端末やユーザーのデータが盗まれることが代表的なマルウェア感染の影響であろう。

家庭利用の PC であれば，クレジットカード番号や銀行口座のアクセス ID とそのパスワード，各種サービスの ID とパスワードなどがある。金融機関をターゲットにしたマルウェアの事例を紹介する。代表的なケースでは，マルウェアに感染した PC のユーザーが金融機関の正規サイトにアクセスした時に正規のコンテンツにマルウェアが不正な HTML を追記し，そこで認証情報の入力が求められる。ユーザーがその入力を行うとそれらのデータが正規サイトではなく外部サーバーに情報が送られ，認証情報が窃取される。

企業や組織利用の PC であれば，様々な組織内システムへのアクセス ID とパスワードや，組織内の機密情報などがある。盗まれた情報単体で価値のあるものもあれば，その情報を用いてさらに攻撃を行うものも

ある。

　ランサムウェアに感染した場合，データなどの情報が破壊される。身代金を支払うことでデータ復旧（復号）のための情報が提供されると提示されるもののその保証はないため，支払ってもデータの復元ができない可能性もある。

　感染した端末が踏み台とされる場合もある。ボットネットの一部として DDoS 攻撃や迷惑メールの大量送信など様々な攻撃に加担させられたり，バックドアとして組織内の他のサーバーや端末などへの不正アクセスの足がかりにされたりなどする可能性がある。

2.5　マルウェアの解析

　未知のマルウェアが観測された場合，そのマルウェアがどういった動作をし，どういった影響があるかを知る必要がある。そのためにマルウェアの検体を取得し，マルウェアの解析が行われる。

　マルウェアの解析技術は現在多岐にわたっているが，**静的解析**と**動的解析**に大別される。静的解析では，マルウェアの実行ファイルをデバッグしたり，逆アセンブルなどのリバースエンジニアリング手法を用いたりすることでプログラム自体を読み解く。マルウェア自体の実行を行わずに解析する静的な手法となっている。

　他方，動的解析では様々な観測・記録ツールによる監視状況の下で実際にマルウェアを動作させてその動作を明らかにする。動作環境としては物理的な PC の代わりに仮想化ソフトウェアを用いて仮想 PC 環境が利用されることが多い。様々なマルウェアの動的解析結果を提供するサービスも存在する。

　マルウェアによっては解析を避けるために難読化の機能を持つものなどがある。またそういった難読化等の機能を提供するソフトウェア

（パッカー，Packer）も存在する。

2.6　マルウェア活動の観測

　マルウェアを解析するにあたり，まずマルウェア自身を取得する必要がある。そういった解析対象の検体を取得する方法はいくつか存在するが，ここでは**ハニーポット**による入手を紹介する。ハニーポットとは，いわゆる「おとり」のサーバーのことである。マルウェアや関連する攻撃の対象となりやすいように脆弱性があるように振る舞うよう設計され，疑似的に感染させることで攻撃の活動を観測する。その観測の一貫として，マルウェアの検体取得が行われる。

　マルウェア活動の観測は，ハニーポット単体により行うこともあるが，より広範囲に観測を行っている例もある。例えばデータセンターや企業ネットワークの監視サービスを提供するセキュリティ企業が様々な監視ポイントからの情報を集約し広範囲での活動観測を行いレポートを公開することや，公的の組織により観測と分析することなど複数の事例がある。公的な組織による観測の例としては，国立研究開発法人情報通信研究機構が開発と運用を行っている NICTER では，未使用の IP アドレスを大規模に観測することでマルウェアを始めとしたサーバー攻撃の観測と分析を行っている。また分析結果の一部は Web を通じてリアルタイムに公開がされている。

　マルウェアの活動などの分析情報や観測情報をコミュニティとして共有し，対策のための研究開発の促進や人材育成に繋げている活動もある。マルウェア対策研究人材育成ワークショップ（Anti Malware Engineering Workshop, MWS）では，複数組織から提供されたデータをデータセットとしてコミュニティに提供し，研究活動の促進が図られている。

2.7 標的型攻撃

　古くは，マルウェアに感染した場合には，感染したことが端末の利用者に明らかにわかるような動作をすることが多かった。マルウェア作成者個人による悪ふざけや自己顕示の発露として位置づけられていたとも言われている。

　時代を経て，サイバー攻撃やサイバー犯罪の道具としてマルウェアが利用されるようになってきた。「マルウェア感染の影響」にもあるように，その影響自体が，ある者にとっては価値のあるものとなったためである。それに従いマルウェアは感染の事実を隠避するようになり，ダウンローダのように感染した後さらにその用途を変えた動きをするような自由度の高い攻撃ができるようになってきた。感染した端末をボットネットとして多数保持し，それを貸与や売却するようなサービスも現れた。

　攻撃の対象も変遷してきている。古くは不特定多数に向けて配布されてきたマルウェアは，攻撃の対象を絞り特定の組織などを狙って行われるケースが出てきた。当初から攻撃に明確な目標と目的があり，そのためにマルウェアが利用されるケースである。こういった攻撃を標的型攻撃と呼ぶ。企業を狙った攻撃や，政府機関を狙った攻撃などが明らかになっている。

　標的型攻撃の事例として，2015年に125万件の年金情報の漏えいが発表された日本年金機構への攻撃を紹介する。日本年金機構への**標的型攻撃**では，電子メールが利用された。これらの電子メールの内容は，組織に関連するような内容となっていた。例えば年金制度の見直しについての内容や，関連するセミナーの案内，研修関係資料などがある。そこには添付ファイルや外部への URL が記載されており，これらのファイルを開く（実行）することで感染し，その後の情報の流出に繋がった。

3．サイバー犯罪への対策

　個人がサイバー犯罪への対策として技術面で可能なことは限られてくる。高度な攻撃を検知し適切にそれらに対応することが個人としては困難である。一方で，利用している端末のOSやソフトウェアを最新状態にしておくことで防げる被害は多い。踏み台とならないことでその先の攻撃を未然に防ぐことが可能になるし，他の端末が感染していたとしても自身の端末への感染拡大を防ぐことで情報漏えいの拡大を抑えることが可能になる。技術面で個人ができる最も効果的な対策は，OSやソフトウェアを最新状態にすることと言ってよいだろう。

　警察白書による「検挙した不正アクセス禁止法違反に係る不正アクセス行為の犯行手口の内訳（平成30年及び令和元年）」を見ると，「利用賢者のパスワードの設定・管理の甘さにつけこんだもの」「他人から入手したもの」「識別符号を知り得る立場にあった元従業員や知人等によるもの」など，ユーザーのIDとパスワードが盗まれる手口の多くは，技術的な面ではなく，ユーザーやその組織の運用に由来するものであることがわかる。個人としてこういったことが起きないための対策として，設定や管理手法の見直しを行うこともサイバー攻撃を防ぐことにつながる重要なポイントとなるであろう。

74

研究課題

1）サイバー犯罪として検挙された事例を調査し，その傾向を見てみよう。
2）自分が標的型攻撃のターゲットとされた場合，どういう部分で模倣されたら自分は信じてしまうか，より見分ける力をつけるためにはどういう対応をすればよいかを考えてみよう。

参考文献

［1］警察庁，"令和 2 年版 警察白書"，2020
［2］新井悠, 岩村誠, 川古谷裕平, 青木一史, 星澤裕二, "アナライジング・マルウェア", オライリー社, 2010
［3］piyokango, "piyolog", はてなブログ, https://piyolog.hatenadiary.jp/
［4］国立研究開発法人情報通信研究機構 サイバーセキュリティ研究所 サイバーセキュリティ研究室, "NICTERWEB", https://www.nicter.jp/
［5］マルウェア対策研究人材育成ワークショップ（MWS）, https://www.iwsec.org/mws/

5 | システムとネットワークの
セキュリティ

金岡　晃

《**本章のねらい**》　サーバークライアントモデル，サーバー管理の立場から，スパイウェアやインジェクションなどのサーバーを攻撃する手法，大規模な組織的攻撃について述べる。また，パブリッククラウドに依存した業務の際のクラウドを使うユーザー（個人，ユーザー企業）が考えるべき情報セキュリティや，ファイアーウォールについて述べる。
《**キーワード**》　サーバー，クライアント，標的型攻撃

1. ネットワークのセキュリティ

　インターネットを介してサービス提供を行うシステムが一般的なものとなっている。エンドユーザーは情報の検索や，ショッピング，動画や音楽の視聴，地図の閲覧，SNS による交流などインターネットを介して様々なサービスを享受している。

　こういったサービスを提供しているシステムのセキュリティを考えるときに，システム自身もインターネット上の端末として存在し TCP/IP 技術を用いて通信を行っていることから，ネットワークの視点でセキュリティを考えることが重要となる。

　TCP/IP ではネットワークは分離され，それぞれが相互に接続することによりインターネットが構成されている。それぞれのネットワークが相互に接続する境界点に置かれる機器はルーターやゲートウェイと呼ば

れ，ネットワーク内外の通信を仲立ちする。境界点において組織内の通信と組織外からの通信を管理運用することでネットワークのセキュリティを実現するアプローチが存在する。

1.1　ファイアーウォール

TCP/IP では，それぞれの端末は IP アドレスを持ち IP 通信を行い，ポート番号により提供するサービスを変え TCP/UDP 通信を行う。Web サーバーやメールサーバーといったシステムは，それらの通信によりサービスを提供する。一方で Web サーバーやメールサーバーは，限定された端末による外部へのサービスの提供であるため，組織内すべての IP アドレスへすべての TCP/UDP 通信を許可する必要はない。それらのアクセスを制限することで不要な通信を抑え，不正なアクセスを防ぐことができる。

ファイアーウォールはネットワークの境界点に設置されるアクセス制御の機器あるいはサービスを言う。IP アドレスや TCP/UDP のポート番号など，通信パケットのヘッダーを見てアクセス制御を行うパケットフィルタリング型や，TCP/UDP のアクセスを代理で引き受ける通信を制御するサーキットレベルゲートウェイ型，より上位のアプリケーションレベルで挙動や内容の確認と制御を行うアプリケーションゲートウェイ型に大別することができる。いずれも許可された通信だけを通し，許可されていない通信は遮断し，管理者にその情報を通知する。

1.2　IDS/IPS

ファイアーウォールは許可された通信だけに限定することで不要な通信を防ぎセキュリティを実現するものであるが，許可された通信に紛れて不正なアクセスがされる恐れもある。

　そこで，通信内容を監視し，不正アクセスを検知そして対処する機器あるいはサービスである **IDS**（Intrusion Detection System，侵入検知システム）や **IPS**（Intrusion Prevention System）が用いられる。IDSは攻撃を検知し，その情報を管理者に通知する。IPSは，検知すると同時に通信の遮断などの防御策を講じる。

　IDS/IPSが行う検知は，あらかじめ登録されている不正アクセスのパターンを用いて通信を監視し，パターンと一致する通信を検知，そして防御するパターンマッチング手法や，通常の通信状態を記憶しておき，通常の通信とは異なる振る舞いを検知，そして防御する異常（アノマリー）検知手法がある。

　IDS/IPSはネットワークの境界点やその近くに設置されることでネットワーク全体の不正アクセス検知と対処をするものや，それぞれの端末に搭載されることで機器への不正アクセス検知と対処をするものがある。

1.3　セグメントの分離

　多くの組織では，組織内で従業員などが用いるPCといったクライアント端末と，組織外や組織内にサービスを提供するサーバー端末の双方を持つ。これらが同じネットワーク内に存在している場合，ファイアーウォールやIDS/IPSなどを設置していたとしても一部の通信は外部から組織内に対して開かれているため，クライアント端末や組織内向けのサーバー端末に不正なアクセスが行われる可能性がある。

　それらを避けるために，組織内でネットワークのセグメントを分割し，外部アクセスがある端末が置かれるセグメントと内部のクライアント端末が置かれるセグメントを設けることで不要なアクセスを制限していく方法が取られる。このときに外部アクセスがある端末が置かれるセグメ

78

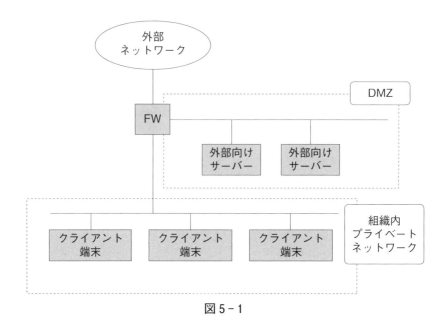

図 5 - 1

ントを **DMZ**（DeMilitarized Zone，非武装地帯）と呼ばれる。

　図 5 - 1 は簡単なセグメント分割を示した図である。DMZ と組織内プライベートネットワークがあり，それらの接続点にファイアーウォールが置かれ通信が制御されている。

1.4　VPN（Virtual Private Network）

　DMZ などを用いて組織内ネットワークをセグメントごとに分割することで，外部から組織内プライベートネットワークへのアクセスを遮断することが可能となる。しかし，複数拠点がある組織において拠点間のプライベートネットワークを繋ぎたいときや，リモートワーク等で適切なユーザーが外部からプライベートネットワークに繋ぎたいというケースが現れる。そういったときに VPN が利用される。

VPN は拠点の境界点同士を接続しする拠点間 VPN と，外部から単一の端末が接続するリモートアクセス VPN に大別される。いずれも組織内のプライベートネットワークに接続するために認証が行われ，仮想的に同一のネットワーク内にいるように振る舞うために通信はトンネリングされる。また通信は第 3 者に覗き見されないように暗号化される。L2TP（Layer 2 Tunneling Protocol）や IPsec がプロトコルとして VPN に用いられることが多い。リモートアクセス VPN にはクライアント側がより容易に利用可能な SSL-VPN が使われることもある。

2. システムのセキュリティ

ネットワーク境界にファイアーウォールや IDS/IPS などの防御機器を導入することで外部からの不正アクセスにネットワークとして対応を行うことができる。

一方で，正規の通信に紛れるあるいは擬態して不正にシステムに攻撃が行われることもあるため，システムにおいてもセキュリティの対策をすることが求められる。

現代のクライアント－サーバーシステムではサービス提供を単一のサーバーで行うことは稀であり，システムそのものがネットワークを構成することが多い。ネットワーク化されたシステムとしてサービスを提供する形になっている。本節ではまずクライアント－サーバーシステムについて解説をし，その後サーバー機器単体でのセキュリティ対策について解説を行う。

2.1 3層アーキテクチャー

3層アーキテクチャーとは，クライアント－サーバーシステムにおいてシステムの構成要素を以下の 3 つに分割し，それぞれの層で機能を構

成するアーキテクチャーを指す

- ●プレゼンテーション層
- ●アプリケーション層
- ●データベース層

　プレゼンテーション層では，ユーザーのリクエストを受け，処理が必要な場合にアプリケーション層に処理を依頼する。またアプリケーション層からの処理結果を受け，それをユーザーに返す作業も行う。アプリケーション層ではプレゼンテーション層からの要求を受け，様々な処理を行う。処理の内容に応じて，必要なデータの検索や保存，削除といった処理をデータ層に依頼をする。データ層ではシステムにおけるデータが管理され，アプリケーション層からの依頼に応じてデータの検索や保存，削除を行いその結果を返す。それぞれの層では冗長構成をとるために複数の機器が設置されることがあり，お互いがTCP/IP通信を行うことで1つのネットワークを構成する。

　セキュリティの視点では，プレゼンテーション層の前にファイアーウォールやIDS等を設置して不正なアクセスなどをシステムを構成するネットワークの境界部分で制御することが行われる。

　図5-2にWebシステムにおける3層アーキテクチャーの例を示す。

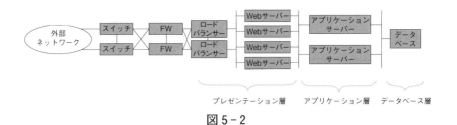

図5-2

インターネットから接続される通信路が二重化されており，システムの境界部分にファイアーウォールが設置されている。多くのリクエストを複数のサーバーに分散させるロードバランサーが各 Web サーバーの前に位置し，ここでも冗長構成が取られている。ウェブサーバーとアプリケーションサーバーは別のネットワークセグメントとして繋がっており，さらにアプリケーションサーバー群とデータベースがさらに異なるネットワークセグメントとして繋がっていることがわかる。

2.2　脆弱性対策

　システムを構成するサーバー等の機器それぞれに OS やソフトウェアのレベルでの対策が施される。対策は複数の視点に及ぶがここでは脆弱性の対策に焦点をあて，さらにその中でもソフトウェアの脆弱性の原因とその対策手法について解説を行う。

2.2.1　バッファーオーバーフロー，スタックオーバーフロー

　OS やソフトウェアの脆弱性で代表的なものがこの**バッファーオーバーフロー**，あるいは**スタックオーバーフロー**と呼ばれる脆弱性である。現代のコンピューターはノイマン型コンピューターと呼ばれる構成がされており，コンピューター上で動くプログラムやデータはすべて同一のメモリー上に展開される。

　コンピューターは実行時にあらかじめ利用されるメモリーを確保した後にプログラムを実行する。プログラム中で読み込まれたデータはこの確保されたメモリー上に展開されることになる。ここで確保されたメモリーと読み込まれたデータの処理や管理が適切にされていない場合，確保されたメモリー以上の量のデータが読み込まれ，しかも確保された領域を超えてデータが書き込まれてしまうことが起きる。これがバッ

ファーオーバーフローの基本的な現象である。

マルウェアなどはこのバッファーオーバーフローや類似したスタック
オーバーフローを悪用し，確保された領域を超えたエリアにもともと存
在していたプログラムを上書きするなどして，プログラムを侵害し，プ
ログラムの停止やデータ破壊，盗用，コンピューターの実行権限奪取な
どを行う。

バッファーオーバーフローやスタックオーバーフローはソフトウェア
や OS の代表的な脆弱性であるため，様々な対策が提案され実装されて
いる。ここではそのいくつかを次節以降で紹介する。

2.2.2 コンパイラーによる検知

ソフトウェアの多くは，あるプログラミング言語によりソースコード
が書かれその後コンパイルされて実行可能ファイルとなり，ユーザーに
より実行される。バッファーオーバーフローはコンパイル前のソース
コードに問題があるために発生する。そこでコンパイルを行うコンパイ
ラーがバッファーオーバーフローやスタックオーバーフローの可能性を
調査し，防止を試みる手段がある。またコンパイルより前に行われるデ
バッグにおいてオーバーフローの検出を行うようなライブラリーも存在
する。

ソースコードが複雑になりソースコードからは脆弱性の発見が難しい
ためにこれらの機能による検出が利用される。

2.2.3 実行不可属性の利用

実行可能ファイルを実行する時点での対策も存在する。こちらは実行
されるコンピューターのハードウェアレベルでの対策となる。本来ノイ
マン型コンピューターでは先述の通りプログラムやデータは同一のメモ

リー上に展開されるために，メモリー上のデータに実行可能なコード部分であるかデータ部分であるかの設定はされていない。

　近年になり CPU にメモリー管理のモデルとして特定のメモリー領域に対して**実行不可属性**を設定することが可能なものが開発され，それによりオーバーフローしたデータが悪用されて実行されることを防ぐ効果がある。こういった属性やその属性を提供する機能を **NX**（No eXecute）**ビット**と呼ぶ。

2.2.4　アドレス空間のランダム化

　OS による対策として，メモリーのアドレス空間配置をランダム化させるものもある。アドレス空間配置をランダム化することにより悪意のあるユーザーはアドレスの予測が難しくなるために，オーバーフローを利用した攻撃が難しくなる。アドレス空間配置のランダム化は **ASLR**（Address Space Layout Randomization）と呼ばれ，Windows や Linux などの OS に採用されている。

2.3　ハードウェアによるセキュリティ

　システムを構成する個々のデバイスのセキュリティ確保のための対策は，多くはソフトウェアで実現されてきた。ソフトウェアで実現されてきた一部をセキュリティが確保されたハードウェアに委託する方法が存在する。これらの方法では信頼されたゾーンをハードウェア内に用意し，ソフトウェアで実行される一部分をそのハードウェア内で隔離して実行する。

　TPM（Trusted Platform Module）は暗号化技術の実行機能とプラットフォームの完全性検証を備えたハードウェアデバイスであり，CPU の一部として搭載されるものや独立したチップとして搭載されるものが

ある。例えば公開鍵暗号の場合，鍵の生成から鍵を使った暗号化・復号
の実行や署名の実行や検証などをすべてハードウェア内で行い鍵データ
を外部からはアクセスできないようにすることができる。また TPM に
よるハッシュ値計算を応用しプラットフォームである OS やアプリケー
ションの完全性を検証することができ，改ざんがあった場合に起動不可
にするなどの対応が可能となっている。

　TPM は仕様が定められており，決まった機能を提供するハードウェ
アであるが，そういったハードウェアによる信頼された機能の実行をプ
ログラム可能にする技術も存在する。ARM 社の TrustZone や，Intel
社の SGX などが代表的な技術である。これらのプログラム可能なハー
ドウェアによる信頼性提供技術を総称して TEE（Trusted Execution
Environment）と呼ぶ。

3. 境界型防御からの移行

　ネットワークの境界点にファイアーウォールなどを設置し，外部から
のアクセスを管理する仕組みでは，境界点により許可されている通信に
関しては比較的自由に組織内ネットワークにあるリソースのアクセスを
行うことができる。

　インターネットを介したサービスが一般的になり，クラウドコン
ピューティングの発展を迎え，インターネットを利用した業務の形態も
多様化されてきた。例えば，これまでは自組織で設置や運用管理をして
きたサーバーはデータセンターに委託され，さらにはクラウドコン
ピューティングの仮想ホスティングサービスを利用することで物理的な
配置を気にせず安価にサーバーを利用するようになってきた。仮想化技
術はサーバーといったホストだけにとどまらず，ネットワーク自体の仮
想化も進んでいる。

　また組織内のユーザーが利用するアプリケーションやサービスもクラウドコンピューティング上のサービスを利用することが多くなってきた。電子メールやファイル共有のサービスの外部委託が多くなってきている。Google 社の Google Workspace や Microsoft 社の Office 365などはこういったサービスの代表的な例である。

　仮想化とクラウドコンピューティングの進展は従来型のシステムに大きな変革をももたらすとともに，そのセキュリティにも変化が起こった。組織内にあったリソースは外部に置かれることも増え，また組織外からユーザーが内部にアクセスするなど，リソース配置やアクセス方法が多様化されてきた。従来からされてきた「ネットワーク内部ならば信用し内部リソースに自由にアクセス可能する」というようなモデルは通用しなくなってきた。攻撃が高度化し，いくつかの手段を駆使して，段階を踏んでネットワーク内部に侵入することもある。組織内のネットワークやリソースを守る方法も移行が必要となってきた。

4. ゼロトラストネットワーク

　そこで注目されてきたのが**ゼロトラストネットワーク**という考え方である。

　ゼロトラストネットワークはそれ単体で特定の技術を指すものではない。境界型防御にあるような組織内ネットワークにおける通信だから信じるという考えを捨て，細かい単位でも認証と認可とデータの保護を適切に行うことで，信頼を構築しネットワークやシステムのセキュリティを確保するというものである。

　認証では，利用するユーザーの認証だけでなく，利用される端末を含めた認証を行う。そしてその認証に応じたリソースへのアクセス認可を行う。端末を認証する際に先述した TPM などのハードウェアモジュー

ルを使うこともある。

　さらに進むと，端末のみならずその端末で稼働するソフトウェア・ア
プリケーションに対する認証と認可も考え得る。現在の OS とソフト
ウェアやアプリケーションの仕組みでは，ソフトウェアやアプリケー
ションには電子署名が施されており（**コード署名**），適切な署名が施さ
れていない場合はその OS 上にインストールできなくするなどの対策が
取られている。コード署名は配付元を保証する技術であるが，それに加
えてそのソフトウェア自身の認証としてアプリケーションの内容自体や
その流通経路も対象になることも今後は考えられるだろう。

🔹 研究課題

1）リモートワークやクラウドコンピューティングサービスの利用など，多岐にわたるアクセス種類が考えられる今，組織内のリソースへのアクセスを許可するにあたり考え得る要素は，本章で言及したユーザーの認証と端末の認証に加えて，何が利用可能かを考えてみよう。

2）第4章のマルウェアにおける内容を踏まえ，ファイアーウォールでは防ぎきれないマルウェアの感染パターンを考えてみよう。

参考文献

［1］齋藤孝道，"マスタリング TCP/IP 情報セキュリティ編"，オーム社，2013

［2］明治大学 情報セキュリティ研究室，"バッファオーバーフローへの対策技術入門"，https://www.saitolab.org/infra_kaisetsu/，2017

［3］須崎有康，"Trusted Execution Environment の実装とそれを支える技術"，電子情報通信学会 基礎・境界ソサイエティ Fundamentals Review，2020

［4］Evan Gilman, Doug Barth，"ゼロトラストネットワーク——境界防御の限界を超えるためのセキュアなシステム設計"，オライリー社，2019

6 | 個人情報とプライバシー

辰己丈夫

《**本章のねらい**》 個人情報について述べる。情報とデータの定義，個人を特定する情報のありかた，個人情報保護に関する行政の取り組みを紹介する。
《**キーワード**》 個人情報，プライバシー

1.「情報」とは何か

本章では，個人情報について議論するが，その前提として「情報」という言葉の意味について，議論を行う。

1.1 「情報」とデータ

我々が，日常生活で「情報」という言葉を用いる例を以下に示す。

- あなたは，あの人について，情報を持っていますか？
- よく利用する人にはポイントがつくという情報を知っているから，あの店に通ってみよう。
- 地震情報です。
- 星座は，古代の人間にとって，航海の際の貴重な情報であった。

ここで「情報」と呼ばれている対象は，次の特徴がある。

- 「あの人の情報」は，その情報を知っている人の頭の中にあるが，その情報を伝えるには，文字を用いる必要がある。
- 「地震情報」を伝えるのは，「震度・マグニチュード・震源地」などの文字・記号・形などで表される。

したがって，「情報」にとって本質的な性質は，「**それが文字・記号・形などによって表されることで，初めて，人々が扱えるようになる**」ということである。

この，文字・記号・形などのことを，ここでは「**データ**」と呼ぶ。すなわち，データを解釈してわかった意味が情報である。

1.2　「情報」でないものをさぐる

一方で，意味がない文字・記号・形は，情報として解釈できないため，データとはいえない。

例えば，地球から見える星の位置や配列は，「星座」といわれていて昔の航海などの際には貴重な情報であるが，土星上では，我々が星座を利用して得る価値を認められないため，それを「情報」として捉えることは難しいといえる。つまり，単なる文字・記号・形がデータとして解釈されて，情報を取り出せるようになるためには，その情報に一定の「価値」を認める主体が必要となる。

我々は，文字や記号を発明し，それらを利用して様々な情報の意味（解釈）を表現してきた。したがって，多くの場合，文字や記号を並べることで，情報を表現することができる。さらに，意味がないように並べられた文字・記号の列でさえも，意味を見出そうとする人もいる。

また，ある言語を学んだことがない人にとっては，その言語で書かれた文を解釈することができない。これは，言語の違いが，データの列に意味を見出せるかどうかに影響を与えている，ということができる。

1.3　日常における「情報」

日常生活では，「情報」という言葉は，IT 関係の用語として捉える人が多い。（軍事の意味で用いることもある。）これは，コンピューターで

は，文字・記号・形をデータとして処理することで，私たちは，日常生活を豊かにしていることから生じる，経験の結果である。

　ところで，このようにして取り扱えるようになったデータは，様々に加工・処理することができる。例えば，ある試験の受験者情報から，一定得点を超えた人のデータを取り出してみたり，写真データの外部を切り取り（トリミング），重要なところをわかりやすくすることができる。すなわち，情報を表すデータは加工されることがある。

　また，情報を表すデータは，大抵の場合はビット列で表現できるため，ネットワークを利用して，遠くに届けることができる。

　このようなことが日常的に行われているため，私たちは，「情報」という言葉を聞くと，つい，パソコンの画面に表示されたワープロやWeb ブラウザの画面，そして，スマートフォンの画面に表示された写真データなどを思い出してしまう。

2. 個人情報

　ここまでで，「情報」について議論をした。では，**個人情報**とは，一体どのようなものであるだろうか。法令での個人情報の定義については，次節で紹介するが，まずは，前節の「情報」と「データ」の違いを前提として，個人情報の特徴について考える。

2.1　個人から得られるデータ

　例えば，ある特定の人について，その人の体重の値を考えてみる。

- 体重は，この人から得られたデータである。
- そのデータだけでは，この人を特定することはできない。多くの場合，同じ体重の人は，世界中に何人もいる。

このように，体重だけでは，個人を特定できない。例えば，仮に，体

重が60kgの人が存在したとしても，「60kg」だけではそれが誰の体重であるかがわからない。（おそらく，世界中に，この体重の人は，とてもたくさんいると思われる。）したがって，体重だけを知られても，ほとんどの人は困ることはない。しかし，このデータに，その人の「身長」「氏名」「顔写真」「住所」「電話番号」などが一つでも添えられると，それは，特定の個人の身体的特徴を表すデータとなり，それを知られたくない人が存在するようになる。

　同様に，生年月日，卒業した小学校の名前なども，それ単独では，個人を特定することはできない。同じ身長の人，同じ生年月日の人，同じ小学校を卒業した人も，それぞれ，たくさんいる。

　さらによく検討すると，姓名の組み合わせでも，個人を特定することはできないことが多い。例えば，「鈴木実」という姓名の人は，日本中に非常に多いという統計結果がある。同様に検討すると，多くの人は，自分と同姓同名の他人が居る。

2.2　データが個人を特定する場合

　前節で述べたように，個人から得られたデータ単独では，通常は，個人を特定することはできない。しかし，いくつかの状況では，これが個人を特定することがある。

- ●世界で最高の体重の人の体重
- ●世界で最高の身長の人の身長
- ●世界最高齢の人の生年月日
- ●世界中で1人しか持ってない記録を持つ人。例えばスポーツ競技の世界記録保持者の記録の値
- ●珍しい姓・名の組み合わせの人

また，以下のような状況は，個人を特定することはできないが，個人

から得られたデータを特定することが可能である。

- 生徒が 1 名しかいない学校の学校名
- 受験者が 1 名しかいない試験の平均点

他にも，同様の例は，いくつもある。

2.3 個人を特定するデータの組

ここまでは，「それ単独で個人を特定できるかどうか」に注目してきたが，情報を組み合わせることが可能なら，個人を特定できる可能性は，さらに高くなる。例えば，「身長170cm，体重65kg で，5 月 1 日に，コンビニエンスストアＡで，おにぎり（鮭）1 つを購入した人」に該当する人はかなり少ない。そして，この場合，個人を特定することが可能になるかもしれない。ただし，その該当する人を探し出すためには，これらの情報を紐付ける**データベース**が必要になる。ということは，データベースさえあれば，このようにして個人を特定することが，より，容易になる，といえる。

そこで，個人情報を保護する観点では，複数のデータベースを結合して，それぞれのデータを紐付けることを禁止する。また，ある目的で入手した個人に関するデータを，他の用途に利用したり，他の企業などに販売することも，データベースを結合することにつながることから，そのデータの当人に無断で行うことはできない，とされている。

3. 個人情報の定義

個人情報について考えるにあたり，まず，法令上の定義を参照しておく。**個人情報保護法**では，以下のとおりに定義されている。（括弧外を太字にした。）

第二条　この法律において「個人情報」とは，生存する個人に関する情報であって，次の各号のいずれかに該当するものをいう。

一　当該情報に含まれる氏名，生年月日その他の記述等（文書，図画若しくは電磁的記録（電磁的方式（電子的方式，磁気的方式その他人の知覚によっては認識することができない方式をいう。次項第二号において同じ。）で作られる記録をいう。第十八条第二項において同じ。）に記載され，若しくは記録され，又は音声，動作その他の方法を用いて表された一切の事項（個人識別符号を除く。）をいう。以下同じ。）**により特定の個人を識別することができるもの**（他の情報と容易に照合することができ，それにより特定の個人を識別することができることとなるものを含む。）

二　**個人識別符号が含まれるもの**

　この文を見ると，個人情報とは「氏名」「生年月日」が個人情報であると書かれているように見えるが，法令をていねいに解釈すると，「生存する個人に関する情報いくつかのデータで，個人を識別することができるもの」が，個人情報である，となる。

　個人に関するデータでも，個人を識別することができるかどうかによって，データ全体が個人情報になることもあれば，そうでないこともある，ということになる。ところで，法令を見ると，「他の情報と容易に**照合**することができ」とされている。この「容易に」という部分をどのように解釈するべきかについて考えてみよう。

　例えば，手元に以下の 2 つの表があったとする。

- レンタルビデオ店のお客様番号と，借りたビデオ作品の表
- レンタルビデオ店のお客様番号と，住所，氏名，生年月日の表

　前者の表を見るだけでは，あるビデオ作品を借りた人の，住所・氏名・生年月日はわからない。しかし，後者の表を見ることで，あるビデオ作品を借りた人の住所・氏名・生年月日を照合することができる，といえる。

　では，以下の3つの表が世の中には存在するが，それぞれの表を見ることができる人は，他の表を見ることができない場合を考えてみよう。

- あるビデオ作品を借りた，レンタルビデオ店のお客様番号の表
- レンタルビデオ店のお客様番号と，そのお客様番号を発行するために用いたメールアドレス
- メールアドレスと，住所，氏名，生年月日の表

　この3つの表を手に入れることができれば，あるビデオ作品を借りた人の，住所・氏名・生年月日を知ることができる。しかし，この3つの表を同時に手に入れることは容易ではないであろう。言い換えると，この状態では，「容易に照合すること」はできない，ということができる。

　この2つの場合を比較すると，個人を識別するために，どの程度の困難さがあるかで，そのデータが個人情報となるかが決まる，ともいえる。

　だが，3つの表がないと個人を特定できない状況では，「あるビデオ作品を借りた，レンタルビデオ店のお客様番号の表」だけを持っていても，「容易に個人を特定」することはできないのだから，そのデータの取扱に細心の注意を払わなくてもいい，ということではない。

　というのも，「あるビデオ作品を借りた，レンタルビデオ店のお客様番号の表」が流出して，例えばWebサイトなどで公表されてしまうかもしれない。また，レンタルビデオの店舗が，インターネットプロバイダ事業を始めていて，メールアドレスと個人の住所・氏名・生年月日を関連づけることができるようになっているかもしれない。つまり，一つの表しか持っていないという前提が崩れてしまうことは，十分に想定で

きる。

　したがって，トラブルを回避するリスクマネジメントの観点では，「他の情報と容易に照合することができ」の部分については，より，厳重な注意を行うべきであろう。

3.1　個人情報とデータベース

　氏名や住所，電話番号などの文字情報を取り扱うデータベースが作られると，それを利用して個人を識別できるようになる。コンピューターを使わなくても，住所・氏名・電話番号などを住所録として印刷して配布することもある。文字を中心としたデータベースの中には，コンピューターを使った**新聞記事データベース**のような大規模なものもある。例えば，隣の部屋に引っ越してきた人の苗字・名前を新聞記事データベースに入力したところ，それは，ある犯罪で逮捕された人の苗字・名前と同じだったということがわかることもある。もし，新聞記事データベースが存在しなければ，このことはわからなかったといえる。

　また，例えば警察は犯罪者の**指紋**を取って保管しているが，現時点では，**声紋**までは保管していない。一方で，**DNA**のデータを犯罪捜査に利用し始めている。もし，沢山の人の声紋を，指紋やDNAと同様にデータベースに登録して，それを使うと個人が識別できるようになれば，声紋も「個人を識別できる情報」になるといえる。

　以前は，パターン認識というのはコンピューターにはあまり得意な作業ではなかった。そのため，大量の声紋データを保存しても，サンプルのデータと同じパターンのデータを捜し出すことは簡単ではなかった。しかし，近年の情報技術の進化の結果，パターン認識が高速にできるようになってきた。そのため，簡単に画像，DNA，声紋などから，個人を識別することができるようになってきた。

3.2　データベースの結合

　会社や学校の身分証明カードとして使われている IC カードの場合は，その IC カードに個人情報が記録されている。一方，鉄道会社の IC カードは特に名前を名乗らなくても購入可能なので，鉄道会社はこの IC カードを使っている人が「どこから乗ってどこで降りたか」を追跡することはできても，それが誰なのかを追跡することは不可能である。

　ところで，もし，鉄道会社と企業・学校が 1 枚の IC カードにまとめられると，それ 1 枚で改札口も職場や学校のドアも通ることができるので，使い勝手は向上する。しかし，そこで鉄道会社と職場や学校がお互いに情報交換を行えば，自動改札を通った人の氏名や住所が鉄道会社にもわかるようになり，職場や学校でその人の改札通過記録を調べることも可能になる。

　鉄道会社と職場・学校が，そのような**データベースの結合**を行わなければ，個人情報が洩れるということはない。歯止めは，技術ではなく制度や規則に頼るしかない。

3.3　個人情報の価値

　本節では，**個人情報の価値**について議論を行う。

　情報の価値を評価するにあたり，次の 3 つの視点を考えてみる。

　1）収集に必要な値段から決める。

　2）どれだけの利益を生み出すかで決める。

　3）回収に必要な値段から決める。

　まず 1）の視点で評価を行うことを考える。街角の人にいきなり「ここに個人情報を書いて下さい。」といっても，個人情報を書いてもらえることは期待できない。しかし，いろいろな団体がメンバーの名簿や住所データベースを構築している。「サービスに必要だから」という大義

名分の下に，企業は，顧客名簿を作る。これらの情報を構築する為に必要な費用が，個人情報の価値を計算する際の基準となるといえる。

　つぎに２）の視点で評価を行うことを考える。例えば，ある日，同じ集会に集まる1,000人の人の住所と好きな食べ物という個人情報を集会の前に入手することができれば，集会後の食事，交通機関の手配などに役に立つ。1,000 人の住所と好きな食べ物を調べることは容易ではないように思えるが，ある町の多くの人が同一のクレジットカード会社と契約していて，スーパーなどでの買いものの記録がカード会社によって保存されていれば，このようなことも不可能ではない。そして，集会場の近くにある飲食店が，これら1,000人分の個人情報を知ることができることで失わずにすむ利益の金額よりも，安い金額でクレジットカード会社が個人情報を販売するならば，飲食店は個人情報を購入するかもしれない。このように，個人情報がどれだけの利益を生み出すかを評価することは，個人情報の価値を計算する基準になるといえる。

　最後に３）の視点で評価を行うことを考える。漏洩してしまった個人情報を回収するためには，旅費，賃金，メディア代などを支払う必要がある。それを基準に個人情報の価値を決めようということである。もちろん，デジタル情報になってしまえば，何回でもコピーされてしまうので，完全な回収は不可能である。それゆえ，３）の視点では非常に高額になる危険がある。

4.　個人情報取り扱いの基本

　個人情報の取り扱いについては，以下の３つを原則とするとよい。

　1）目的を特定し，その範囲でしか取得しない

　2）用途を明示する

　3）収集したら個人に通知する

　例えば，あるレンタカー業者が，車の返却を連絡するために必要になるということで会員の住所・氏名・電話番号を提出してもらったとしても，この業者が提携先の自動車販売会社にこの個人情報を提供し，その会社がダイレクトメールに，この情報を使うと個人情報の「**目的外利用**」とみなされる。

　それはレンタカー業者と自動車販売会社の経営者が同じであっても，さらに同じ会社であったとしても許されない。

　また，個人情報を収集したら，それを本人に通知することも定められている。ここでいう通知には，例えば電話帳のように公開されているものから情報を収集した場合も含まれる。

　個人情報保護法では，次のとおりに記されている。

　（利用目的の特定）第十五条　個人情報取扱事業者は，個人情報を取り扱うに当たっては，その利用の目的（以下「利用目的」という。）をできる限り特定しなければならない。2　個人情報取扱事業者は，利用目的を変更する場合には，変更前の利用目的と関連性を有すると合理的に認められる範囲を超えて行ってはならない。

　（利用目的による制限）第十六条　個人情報取扱事業者は，あらかじめ本人の同意を得ないで，前条の規定により特定された利用目的の達成に必要な範囲を超えて，個人情報を取り扱ってはならない。（略）

　（適正な取得）第十七条　個人情報取扱事業者は，偽りその他不正の手段により個人情報を取得してはならない。（略）

　（取得に際しての利用目的の通知等）第十八条　個人情報取扱事業者は，個人情報を取得した場合は，あらかじめその利用目的を公表している場合を除き，速やかに，その利用目的を，本人に通知し，又は公表しなければならない。（略）

　個人情報保護法が設定された背景には，情報の種類で個人情報の利用を規制するのではなく，収集の目的で規制を行うことで，プライバシー権，自己コントロール権を確保しようという情報社会の要求があった。この歴史的経緯は，次章で述べる。

5.　プライバシー

5.1　個人情報とプライバシー

　個人情報と**プライバシー**の違いについては，従来から多くの議論がなされてきた。わが国の個人情報保護法や，他国の同様の法律が整備されるに連れて，個人情報の定義は明確になりつつあるが，プライバシーについては，いろいろな考え方を見ることができる。

　まず，プライバシー領域とは，「その人の領域」とする定義が主流である。ここでいう「領域」とは，物理学でいうところの 3 次元的な意味での領域だけではない。通信や放送などによって情報が伝達される場合も，その人の領域として考えるべきであろう。その意味で，仮想的な領域と言える。

　このとき，プライバシー権というのは，「プライバシー領域に他者が立ち入ることを拒否する権利」と考えるのが一般的である。プライバシー領域に立ち入られないようにすることを「プライバシーの保護」という。

　ここで，プライバシー領域で得られる情報を，プライバシー情報と呼ぶことにする。X 氏が，A 氏に関わるデータを入手でき，そのデータから A 氏のプライバシー情報を知ることができるならば，X 氏は A 氏のプライバシー領域に居るといえる。A 氏が，X 氏にそれを認めるかどうかは，A 氏がプライバシー権を持つからこそ，判断できる。

　一方，誰がいつ，何の目的のためにどのようにして個人情報を使うこ

とができるかということを，その個人がコントロールできる権利のことを自己情報コントロール権と呼ぶ。

5.2 プライバシーと人権

　動物の多くが，集団で社会生活を営んでいる。人間もまた，社会を構成している。そのため，他者に自分のことを知られたり，また，他者のことを知ったりすることで，人間は，日々の生活を営んできた。

　我々が，いわゆる民主主義の概念を獲得し，「人間であれば誰でも平等に個人の尊厳を持つ」という「人権の平等」が当たり前のように考える人が多くなってきたのは，この数百年の出来事であった。それまでは，例えば王・支配民族・支配種族などの「支配する側」と，それ以外の人たちでは権利が異なっていた。その当時は，支配される側には，プライバシー権利は想定されていなかった。

　言い換えるなら，まず，「人権の考え方」が理解されて，そして，プライバシーが権利として考えられるようになった。人権無くしては，プライバシー権もない。

　一方で，個人に関わる情報を広く共有することは，プライバシー権を弱めつつも，その個人にとっても良い場合が存在する。

- ●ある住人が，一人暮らしをしているとする。その住人に無断で他人が入り込むことは，プライバシー権の侵害である。しかし，その住人が話し相手を欲していたり，あるいは，その住人が病弱で，周りに健康状態を見る人がいない場合は，プライバシー権を行使するのではなく，「ご近所」同士で互いにプライバシー領域に入りながら生活をするほうが，健康面・医療面で安全につながる。

- ●ある地域は，交通の便が悪く，また，人口が少ない。そのため，住民は，その地域に住んでいない人が立ち入ったことを直ぐに認

　　識できる。このような地域では，住宅の扉には鍵をかけていない
　　ことが多い。鍵をかけることは，プライバシーの確保につながる
　　が，このような地域では，その必要がない人が多く住んでいる，
　　ということが言える。

このように，「プライバシー権は，人権を越えるものではない」という
考えは，受け入れられるであろうし，逆に，人権よりもプライバシー権
を重視することを容認することは，受け入れられないとするのが自然で
ある。

　また，人権が平等であるように，プライバシー権も平等であることも，
忘れてはならない。

5.3　肖像権・パブリシティ権

　個人情報に関連する項目として，肖像権と**パブリシティ権**について述
べる。

表 6 - 1　肖像権・パブリシティ権

権利	肖像権	パブリシティ権
権利の対象	個人の写真	有名人の写真，名前
権利の中身	見せない権利	見せて利益を得る権利

　著作権法に従えば，街角で撮影された写真の著作権は撮影者にあり，
著作者である撮影者の権利で公開することができる。しかし，写真を公
開されると，被写体になっている人の気分を害することもある。「肖像
権」とは，そのような行為を防ぐ為に存在している。法律には「肖像権」
という言葉はないが，憲法第11条「国民は，すべての基本的人権の享有
を妨げられない。」に該当する権利とみなされる。

　一方，パブリシティ権というのは，有名人の写真や名前を使ってお客を集めて利益を得る権利のことである。例えば，「誰でも知っているところで公開イベント」で有名人を撮影した場合，著作権はカメラマンにあり，さらに，「誰でも知っているところで公開イベント」で撮影した以上，有名人の肖像権の問題は存在しない。しかし，その写真を使ってポスターを作って広告にすると，名前を利用して利益を得ることになる。他者によるこのような行為を禁止する為に確立されたのが，「パブリシティ権」である。

　近年，多くの人がSNSを利用して，様々な有名人・芸能人などに関する話題を記載しているが，肖像権・パブリシティ権の侵害によるトラブルが多発している。

🔲 研究課題

1）本書で取り上げた例の他に，「情報」という言葉の使用例を探し，それが，どのような意味を持っているのか考察しなさい。
2）本書で取り上げた例の他に，単独では個人を特定できないが，組み合わせることで個人を特定してしまう情報の組には，どのようなものがあるか述べなさい。
3）我が国の個人情報保護法を参照し，日常の活動で相手から個人情報を取得する際に，許諾を求めなければいけない場合を考察しなさい。
4）我が国の個人情報保護法を参照し，「仮名」と「匿名」の違いについて，わかりやすくまとめよ。

参考文献

［1］佐藤義弘，辰己丈夫，中野由章 監修：キーワードで学ぶ最新情報トピックス 2021，日経 BP，ISBN 978-4-296-07000-8（2021）
［2］菊池浩明，上原哲太郎：ネットワークセキュリティ，オーム社，IT Text シリーズ，ISBN 978-4-274-21989-4（2017）

7 | 情報セキュリティポリシー

辰己丈夫

《**本章のねらい**》 情報セキュリティポリシーについて述べる。また，情報セキュリティ管理者，情報セキュリティ教育などについて述べる。組織のアセット管理や，CSIRT の運営と，情報セキュリティ監査についても述べる。

《**キーワード**》 情報セキュリティポリシー，情報の格付け，情報セキュリティ教育，CSIRT

1. 情報セキュリティポリシー

情報セキュリティポリシーとは，その組織・団体（企業，学校，団体，政府機関，地方公共団体など）が，構成員の情報資産をインシデント（事故）から守るためのリスクマネジメントにおいて立てられる，大きな方針のことである。例えば，組織の所在地や，組織の規模，どのような情報を取り扱うかによっても，情報セキュリティポリシーに何を想定するかが異なってくる。また，地方公共団体では，市民によって選ばれた首長や議員・議会の考え方も反映される。

したがって，どのような情報セキュリティポリシーを作成し使用するかは，国や「世の中の常識」で決まっていることではなく，各組織に委ねられている事項であることから，各組織で自主的かつ能動的に作成しなりればいけない事項であるともいえる。

ここでは，国立情報学研究所と電子情報通信学会の部会・ワーキンググループが策定した「高等教育機関の情報セキュリティ対策のためのサ

ンプル規程集」（以下，サンプル規程集と呼ぶ。）[2]の一部を引用しなが
ら，情報セキュリティポリシーについて考える。

1.1　情報の格づけ

　既に，第1章2.1で述べたが，情報セキュリティポリシーを考える上で，
次の3つの性質をすべて保証することが，情報セキュリティポリシーの
策定において重要である。

機密性　対象となる情報を見ることができる権限を持つ者以外の者が，
　　情報を見ることができないようになっているという状態（状況）。

完全性　対象となる情報を正しく利用・復元できるように，データを正
　　確に保存されている状態（状況）。

可用性　対象となる情報を利用する必要があるときに，不都合なく利用
　　できるようになっている状態（状況）。

●機密性の分類

　機密性を確保する際に重要な指標となるのが，対象情報を格付けして，
重要度毎に分類して考えることである。具体的には，例えば次のような
分類方法が用いられている。

機密性3情報　秘密文書に該当する

機密性2情報　秘密文書に該当しないが，漏洩すると業務に支障が生じ
　　る可能性がある

機密性1情報　上記以外

　この分類の場合は，機密性3情報と機密性2情報のみが，機密性を保
持すべき情報として位置付けられることになる。実際，漏洩しても問題
がない情報であれば，機密性を持たないように管理をしても何ら問題は
ない。だが，当該情報が，例えば著作物である場合は，秘密文書ではな

いものの，漏洩は著作物の無断配布に該当するインシデントに該当してしまう。

　また，機密性の格付けに応じて，複製・配布・暗号化・印刷・転送・転記・再利用・送信のそれぞれを，無条件に禁止するのか，申請があれば審査をして許可するのかを定めておく必要がある。

●完全性の分類

　完全性を確保する指標として，例えば次の分類がある。

完全性2情報　改ざん，破損すると業務に差し支える（軽微な場合を除く）

完全性1情報　上記以外

　通常は，改ざんされたり破損されてもいい情報というのは，想定しにくいが，完全性は，その情報の保存期間や保存場所と関連して考えるとよい。すなわち，保存期間，保存場所や，メディアの入れ換えに伴う移動，書き換え，削除の可否，想定した保存期間終了後における破棄の必要性の有無を，完全性の格付けにおいて想定することが求められる。

●可用性の分類

　可用性を確保する指標として，例えば次の分類がある。

可用性2情報　「不都合なく利用可能な状態」でないと業務に差し支える（軽微な場合を除く）

可用性1情報　上記以外

1.2　格づけのバランス

　例えば，2011年3月11日の東日本大震災では，原子力発電所に関する情報交換において，機密性を重視しすぎた連絡手段を準備していたため

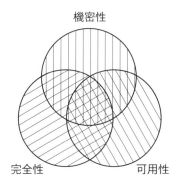

図7−1　3つの性質のすべてを重視しなければいけない

に，電話網の破綻や，交通機関の停止，停電で情報機器に必要な電力供給が止まってしまうなどが原因で連絡手段が機能しなかったということがあった。

　このように，機密性を重視しすぎて，可用性が失われてしまっては実用にならない。他にも，情報の機密性を重視しすぎて，機密文書を印刷し遠い場所に保存すると，必要なときに利用できないという意味で可用性がないことになる。

　逆に，機密性が必要な文書に対して，可用性を重視し過ぎて，権限がない人でも情報を閲覧することができるようになってはいけない。さらに，完全性とのバランスについても考慮する必要がある。このように，「機密性」「完全性」「可用性」は，バランスよく成立させるように考える必要がある。

1.3　情報セキュリティポリシーの例
1．運用基本方針
　運用基本方針とは，情報セキュリティポリシーのうち，最も基本とな

る内容を書いたもので，めったなことでは変更しないという方針で作成するべきものである。当たり前のことばかりが書かれるが，この次に続く規程の考え方の基本となる上位規程であることから，下位規程を改訂する場合に参照できるようなものであることが求められる。

サンプル規程集の「A1000情報システム運用基本方針」では，以下の項目が運用基本方針として挙げられている。

01（情報システムの目的） 第一条　A大学（以下「本学」という。）情報システムは，本学の理念である「研究と教育を通じて，社会の発展に資する」ことの実現のための，本学のすべての教育・研究活動及び運営の基盤として設置され，運用されるものである。

02（運用の基本方針） 第二条　前条の目的を達するため，本学情報システムは，円滑で効果的な情報流通を図るために，別に定める運用基本規程により，優れた秩序と安全性をもって安定的かつ効率的に運用され，全学に供用される。

03（利用者の義務） 第三条　本学情報システムを利用する者や運用の業務に携わる者は，本方針及び運用基本規程に沿って利用し，別に定める運用と利用に関する実施規程を遵守しなければならない。

04（罰則） 第四条　本方針に基づく規程等に違反した場合の利用の制限および罰則は，それぞれの規程に定めることができる。

2．運用基本規程・実施手順

先に述べた基本方針の元に作られる規程のうち，基本的な規程を「**運用基本規程**」とよび，その規程を運用するために必要な作業は，「**実施**

手順」で示される。

　サンプル規程集では，「A1001情報システム運用基本規程」として次
のものを置いている。（詳細は，サンプル規程集を参照せよ。）

01（目的） 第一条　本規程は，A大学（以下「本学」という。）に
　　おける情報システムの運用及び管理について必要な事項を定
　　め，もって本学の情報の保護と活用及び適切な情報セキュリ
　　ティ対策を図ることを目的とする。

02（適用範囲） 第二条　本規程は，本学情報システムを運用・管
　　理するすべての者，並びに利用者及び臨時利用者に適用する。

03（定義） 第三条　本規程において，次の各号に掲げる用語は，
　　それぞれ当該各号の定めるところによる。

　　（この後，以下の単語の定義が述べられる。）

　　一　情報システム／二　情報／三　情報資産／四　事務情報／
　　五　事務情報システム／六　ポリシー／七　実施規程／八　手
　　順／九　利用者／十　教職員等／十一　学生等／十二　臨時利
　　用者／十三　情報セキュリティ／十四　電磁的記録／十五　イ
　　ンシデント／十六　明示等

　　（この後，以下の組織上の役割が規定されるが，組織について
　　は2で述べる。）

04（全学総括責任者），**05**（全学情報システム運用委員会），**06**（全
　　学情報システム運用委員会の構成員），**07**（全学情報システム
　　運用委員会の委員長），**08**（全学実施責任者），**09**（情報セキュ

　ここまでに述べてきた情報セキュリティポリシーの規程は，多くの組
織で共通する部分と，そうでない部分に分かれるが，いずれも，基本的
な手順を，やや抽象的に書いたものである。ここでは，「A2105-05
（DNS の導入）」の一部を紹介する。

05（DNS の導入）第五条　部局技術責任者は，要安定情報を取り
　扱う情報システムの名前解決を提供する DNS のコンテンツ
　サーバーにおいて，名前解決を停止させないための措置を講
　ずること。
　2　部局技術責任者は，DNS のコンテンツサーバーにおいて
　管理するドメインに関する情報を運用管理するための手続を定
　めること。
　3　部局技術責任者は，DNS のキャッシュサーバーにおいて，
　学外からの名前解決の要求には応じず，学内からの名前解決の

> 要求のみに回答を行うための措置を講ずること。

　一方，情報セキュリティポリシーを確保するために行わなければならない項目の詳細な内容は，「情報セキュリティポリシー実施手順」と呼ばれ，運用の基本規程の後に詳細に定められることとなる。

　以上のような情報セキュリティポリシーを，DNSのみならず，組織が取り扱う情報システムのすべてに対して考慮し，その準備活動を行うことが重要である。

2. 情報セキュリティポリシーでの組織

2.1　情報セキュリティ責任者と担当者

　会社（企業）や，大学などの学校組織，あるいは官公庁などの組織など，様々な組織では，その組織の活動全体を指揮する責任者を置くことが多い。日本の企業の場合は，そのような人は通常「社長」と呼ばれているが，最高経営責任者（CEO）と呼ばれることもある。（さらに細かく，業務全体を取り仕切る最高執行責任者（COO）を置く場合もある。）CEOは，活動全般の責任を持つことが求められているが，その中には，情報に関わる活動も含まれる。情報セキュリティの確保に関する責任者もまた，CEOに求められるべき役割の一つである。

　だが，情報活動のように，ある程度専門的な知識・技能を有する人でないと適切な判断ができない業務の場合，CEOを補佐することを目的として，その業務だけの責任者として「**最高情報責任者（CIO）**」を別に置くことがある。CIOは，情報機器の導入による企業活動の改善・改善のための調査活動や，情報システムに関する将来計画の策定，情報セキュリティに関する項目などの担当が期待され，その業務内容などから「大企業などの場合は他の業務と兼任させず，専任職としておくべき」

であるといわれている。組織内の情報セキュリティのみならず，情報システムの導入や運営をすべて統括することから，専門性を期待されている。

特に，情報活動の中でも情報セキュリティに限定した責任者を置く場合は，「**最高情報セキュリティ責任者（CISO）**」と呼ぶことが多い。

一方で，情報セキュリティの中でも，コンピューターの設定などの技術的内容を分けることも考えられる。その場合は，前者を「情報セキュリティ技術担当者」などと呼び，CIO や CISO を補佐する立場であることを明確にする。情報セキュリティ技術担当者は，実際の作業を伴うことから，複数名（できれば，各部署に 1 名ずつ）を担当として割り当てることが望ましい。

表7-1に，情報セキュリティに関する担当者の兼務例を記した。実際には，この例以外の兼務パターンも含めて，その組織の実情に合わせて適切に選択することが望ましい。

表7-1　責任者の兼務の状況例

全体 統括責任者	情報関係 統括責任者	情報セキュリティ 技術責任者	情報セキュリティ 技術担当者
全体 1 名	全体 1 名	（状況次第）	各部署 1 名
CEO	CIO	CISO	技術担当者
CEO	CIO/CISO		技術担当者
CEO	CIO/CISO/ 技術担当者		
CEO/CIO		CISO/ 技術担当者	
CEO/CIO/CISO			技術担当者
CEO/CIO/CISO/ 技術担当者			

2.2　CSIRT

　情報セキュリティに関する組織を定めておくことで，通常時の運用体制をつくることができるが，これは様々な**緊急時の運用体制**を考える場合にも，重要な枠組となる。

　ここでいう緊急時として，次の2つの場合を考える。

情報セキュリティに関する緊急時　コンピューターウイルスへの感染，外部からの侵入，情報漏洩など，様々なインシデントが発生したときに対応する体制。この場合は，通常時の組織体制をそのまま利用することとなる。

その他の緊急時　地震や洪水などの天変地異や，物理的な毀損（火災），倒産などの状況。通常の組織体制を作れないことがあるため，緊急に組織を作る必要がある。その場合は，普段の体制に関わっている人が，その経験を生かして適切に兼務を行う必要がある。

　情報セキュリティポリシーの実施手順を策定する場合，第10章の「リスクマネジメント」で後述するが，このような非常時の運用体制をどのようにしておくべきかは（想定可能な範囲については），あらかじめ想定しておくことがよい。

　情報セキュリティに関連した緊急対応が必要になったとき，組織内の1人が対応していたのでは間に合わないことが多い。**CSIRT**（Computer Security Incident Response Team，**セキュリティ・インシデント・レスポンス・チーム**）とは，このような緊急対応の必要が生じたときに，すぐに活動できるように準備された組織である。組織の経営者や，運営責任者，技術者から構成され，どのような情報資産に影響が及んでいるかを迅速に調査するとともに，矛盾なく効果的な対応を実施していく組織である。

　1988年にアメリカのカーネギー・メロン大学に設置された，CERT/

CC という名称の組織が世界で最初の CSIRT であり，効果的に機能したことから，他の大学や企業でも設置されるようになった。

3. 情報セキュリティポリシーの教育

せっかく，情報セキュリティポリシーを策定しても，組織の内外の人が，その内容を全く知らないようでは意味がない。そこで，教育が必要となる。ここでいう教育とは，学校教育のようなものを指すのではなく，企業などでは**研修**と呼ばれているものに近い。ただし，新人社員や新たにその業務に関わるものを対象とする研修と異なり，組織内の全員に対して，多様な方法で目的に合う活動を行う必要がある。

3.1　職位などに応じた教育

表7-1で述べたように，情報セキュリティの確保にあたっては，特に役割を与えられている人がいる。教育活動においては，まずは，このような「中心となる人」から教育を行っていくことが重要であるが，それぞれの職位に応じた教育活動を設計する必要がある。なお，これらの教育に関するガイドラインは，サンプル規程集では，A3301，A3302，A3303に記されている。

- 組織内の各部署に配置されている情報セキュリティ技術担当者の場合は，実際の組織内での周知活動に関わる可能性が高いことから，教育内容は，作業内容やその理由などの具体性があるものが必要である。

- CIO や CISO などの職位の場合は，具体的な作業よりも，その作業が業務全体でどのような意味を持つのかを考え，適切な計画を準備する作業に関する教育が必要となる。特に，情報セキュリティポリシーの策定や更新のような，やや長い時間で考えるべき

作業は，CIO が主導して活動を行う必要があるため，CIO への
教育も，その活動に反映されるものであることが必要である。
● CEO や COO などの職位の場合は，適切な情報セキュリティの
確保に必要な経営判断，具体的には，新しい情報セキュリティ上
の脅威などへの対策に関わる費用の支出の必要性が理解されるよ
うな教育が必要となる。特に，他の組織（企業）での動向や，昨
今の犯罪・被害例や，被害金額の見積もりなどを理解できるよう
にすることが望ましい。

3.2 教材と教育効果の評価

教育活動に用いる様々な文書や動画，そして実際に用いられるのと同
じコンピューターなどの情報機器を，ここでは教材として考える。教材
は，
● 「基礎（後の応用に利用できる）」と「応用（直ちに役に立つ）」
● 「わかりやすい」と「正しい」
のように，二律排反的な特徴を同時に求められることが多いため，作成
は容易ではない。だが，多くの場合は「わかりやすい授業・説明によっ
て直ちに役に立つことを伝えること」と「正しい教材によって基礎的な
内容を正確に伝える」によって，その効果は高められる。

具体的には，授業や研修会などの時間は，わかりやすさを重視して，
あまり例外のケースなどを取り扱わないようにしておきつつも，教材で
は正しく内容が伝わるように配慮しておくべきであろう。

現場に即した知識を必要とする一般利用者や情報セキュリティ技術担
当者の場合は，直ちに役に立つ，応用的な知識をどのようにして学ぶか
を身につけることを目標とすべきであるが，CIO などの管理職は，将
来的な整備計画などに関わる必要があることから，入手した知識を，今

後はどのように応用するかという観点で，基礎的な部分に関わる判断に必要な知識を身につけることを目標とすべきである。

3.3　映像教材

　ここでは，2003年から8回にわたって制作されている，「**情報倫理デジタルビデオ小品集**」を例にとって説明する。このビデオ教材は，主には大学1年生を対象として，大学生としての情報倫理・情報セキュリティを，短いドラマ（3～8分程度）を利用して学ぶことが目的である。

　ビデオの内容は，実際に発生した事例（あるいは近い将来発生が予想される事例）を，学生に扮した俳優が演技するものであり，教材を視聴した学生が，自分のこととして実感を持てるように作成されている。この教材では，

　　1）わかりやすさ：動画での実例と簡単な解説

　　2）正しさ：現実にあり得ない設定や演技・演出を排除すると共に，解説に用いられた語句も正確さを追求

という特徴がある。通常は，正しさを追求した教材は理解しにくいものとなることが多いが，この教材は親しみやすい映像構成や小道具などの演出などが成功している。また，短い映像教材の特徴として，繰返し何回でも自主的に視聴することができ，わからない・わかりにくいところがあったとしても，解消できることも重要な点である。（対面式の授業・研修では，わからないところを講師に何度も聞くことは授業・研修の妨げになる。）

4.　情報セキュリティポリシーの監査

　情報セキュリティポリシーが策定され，教育の後に実施に移されたとしても，それがきちんと実行されているかについては，別の方法で監査

する必要がある。

　監査には，いくつかの種類があり，それぞれに特徴と効果が異なっている。

日常の監査　特に期日を決めずに，日々，情報セキュリティポリシーにしたがった作業が行われているかを監査する。この場合は，組織外の人が監査を行うことは難しいため，通常の業務の中で上司や情報セキュリティ技術担当者などが確認を行う。

定期的な監査　ある期日を予告し，その日に作業手順などが整備されているか，日々の活動が，その作業手順と矛盾しないかを監査する。可能な限りは組織外の人間が監査に関わることが望ましい。

抜きうち監査　抜きうちの監査は，通常は行わないことになっているが，業務上の問題が推定される際には行うこともある。特に，新種のコンピューターウイルスや，新手の侵入方法，その他の意図的な攻撃が流行し，それが原因でインシデントが発生したときは，インシデント発生箇所以外の箇所を監査することは，効果的であると思われる。

5. 情報セキュリティポリシーの評価

　作成された情報セキュリティポリシーが，その所期の効果につながるものであるかどうかは，別途の方法で確認をしておく必要がある。

　ここでは，参考として，情報セキュリティの評価基準であるコモンクライテリアについて述べる。

5.1　コモンクライテリア ISO/IEC 15408

　「コモンクライテリア」は，ISO/IEC 15408にも定められた手法であり，これによって評価された手法を利用して設計された製品であれば，

その製品が達成しなければならないセキュリティ上の課題・問題が適切に処理されているということが，国際的に認証されることになる。

　例えば，EAL 1というレベルに評価された基準で作られた製品は，「クローズドな環境での運用を前提に安全な利用や運用が保証された場合に用いられる保証レベル」とされており，通常の社内業務程度のセキュリティが求められているといえる。一方で，EAL 3というレベルに評価された基準で作られた製品は，「不特定な利用者が利用できる環境，不正対策が要求される場合に用いられる製品の保証レベル」となるため，先ほどよりも厳格さが求められることになる。

　コモンクライテリアの詳細については，「ISO/IEC 15408 IT セキュリティ評価及び認証制度パンフレット」（独立行政法人情報処理推進機構）に記されている。

5.2　透明性の確保

　コモンクライテリアは，専門的な見地から，情報セキュリティの水準を評価する取り組みであるが，一方で，その組織や製品を，一般の立場から評価する際に重要となるのが，透明性である。

　例えば，情報セキュリティに関する疑念が，報道や，ブログ，SNSなどで広がっている場合，その疑念を解消するためには，専門家による監査の他に，守秘義務に違反しない程度での業務の透明性を確保しておくことが求められる。また，官公庁，公益性のある組織，株式会社などの場合は，国民や株主に対する説明が求められることから，業務の透明性の確保は重要な課題であるといえる。

5.3　法令との整合性

　ここまでに述べてきた情報セキュリティポリシーや，情報セキュリ

ティ基準については，関連する法律のみならず，すべての法律（地方公共団体の条例を含む）と矛盾しないように制定・運用する必要がある。また，場合によっては，憲法（基本的人権），裁判の判例，商慣行，国外法などと相反する手順が必要となる情報セキュリティポリシーや，実施手順などを作成することがないように，十分な調査を行っておくべきであるといえる。

　ただし，この点での問題が全く生じないわけではない。第10章で述べるように，ジレンマ問題が発生することも想定しておくべきである。

研究課題

1）企業や，学校などで，情報セキュリティを確保するために，どのような組織を構成するべきか。その組織の規模や目的，取り扱う情報の種類・質などを考慮しながら，組織のメンバーや，メンバーの役割，任期，研修などを考えなさい。

2）自分が所属する組織の情報セキュリティポリシーを調べなさい。存在しない場合は，それに相当する文書を探してみよう。全く存在しない場合は，どのような文書にすればよいか自分で考案しなさい。

3）情報セキュリティの重要性を，社長に代表される企業トップに教育すると仮定して，どのような教育プログラムがよいか考案しなさい。

引用・参考文献

［1］佐藤義弘，辰己丈夫，中野由章 監修：キーワードで学ぶ最新情報トピックス2021，日経BP，ISBN 978-4-296-07000-8（2021）

［2］国立情報学研究所 高等教育機関における情報セキュリティポリシー推進部会，高等教育機関における情報セキュリティポリシー推進部会，電子情報通信学会ネットワーク運用ガイドライン検討ワーキンググループ：「高等教育機関の情報セキュリティ対策のためのサンプル規程集（2010年版）」，（国立情報学研究所webサイトに掲載）

8 | 情報システム連携におけるトラブルと対策

山田恒夫

《本章のねらい》 情報システムやツール間のデータ連携で生ずる，セキュリティに関する諸課題について，実際の事例もあわせて知識を得る。教育のデジタルエコシステムを例に，どのような対策がとられているのか，国際技術標準の動向も俯瞰しながら検討する。

《キーワード》 デジタルエコシステム，ゼロトラスト，OAuth（オーオース），IMS，認証，認可

　本章では，システム開発の視点からセキュリティの課題を考える。プログラム言語の学習もこれからでシステム開発やプログラミングはまだ先の話という方もおられるかもしれないが，こうした開発者の視点をもつことで，セキュリティの課題をよりよく理解できる。まず，最近の情報システム設計について説明しよう。

1. 情報システム構築の現在

クラウドとオンプレミス

　サーバーやデータベースなどの情報システムを，自前で用意し，自分（自社）の施設内に機器を設置して管理運用する，運用の在り方を「**オンプレミス（on-premises）**」という。そもそもはこの選択肢以外はなかったわけであるが，21世紀にはいるころから高速広帯域インターネットが普及し，外部事業者のサーバーファームを活用し，必要な分だけを購入する運用形態が出現した。こうしたサービスは SaaS や PaaS とし

て事業化され，**XaaS**（X as a Service，「ザース」）あるいは**EaaS**（Everything as a Service，「エアース」）と総称されるが，2006年以降は**クラウドコンピューティング**とも呼ばれている。オンプレミスでは，設計から運用まで希望通りに実現できる反面，設置場所，ハードウェア，ソフトウェア，管理運用まで自らの責任で用意する必要がある。一方，クラウドコンピューティングは，初期コストや固定的な保守運用コストを低く抑えられるが，利用可能な計算機能力やセキュリティ，カスタマイズ性，可視化性などに制約が生じる。現在は，両者の特性を使い分けるハイブリッド型のシステム設計も注目される。

　セキュリティの観点からは，一見，オンプレミスのほうが安全のように見えるが，それは相応のシステム保守がなされる場合である。要員のアクセス管理に始まり，セキュリティ対策の継続的な実施など，相応のコストがかかる。一方，カスタマイズ性に制限はあるものの，クラウドコンピューティングのほうが一定水準以上のセキュリティ対策はなされ

表8-1　クラウドコンピューティングにおける XaaS の種類

XaaS の種類	オンラインサービスの対象	例
SaaS（Software as a Service）サービスとしてのソフトウェア	ソフトウェア	アプリケーションなどのソフトウェア
PaaS（Platform as a Service）サービスとしてのプラットフォーム	プラットフォーム	OS やサーバーソフト，言語処理系などを導入済のソフトウェア実行環境（プラットフォーム）
IaaS（Infrastructure as a Service）サービスとしての情報基盤	機材や回線などの情報基盤（インフラ）	仮想化されたサーバーコンピューター及び通信回線

るので，セキュリティ対策も含めた外部資源の活用（アウトソーシング）
と考えることもできる。

クラウドを使用する場合のセキュリティ対策

　オンプレミスでは，物理的にもシステム的にも，安全な内部を構築し，
外部からの侵入やデータの漏洩を防ぐという対策がとられた。守るべき
「内部」のシステムとそのネットワークの周囲に，**ファイアーウォール**
（防護壁）を設けて，「外部」からの不正な侵入あるいは情報漏洩を防ぐ
という考え方である。しかし，防護壁だけで内部の安全を完全に守るこ
とは困難で，突破してきた侵入者の対策は何重にも図られることになる。
パソコンなどパーソナル端末などにインストールするアンチウイルスソ
フトはその例である。一方，COVID-19パンデミックで急速に普及した
オンライン授業やテレワークに見られるように，デバイスがファイアー
ウォールを越えて分散すると，従来の境界防御型セキュリティシステム
の限界が見えてくる。

アプリケーションプログラミングインタフェース（API）

　アプリケーションプログラミングインタフェース（**Application
Programming Interface, API**）は，ソフトウェア間で互いに情報を交
換するインタフェースの仕様・規約のことである。なかでも近年注目さ
れているのは Web API である。W3C の「Web サービス」は，様々な
プラットフォーム上で動作する異なるソフトウェア同士が相互運用する
ための標準的な手段を提供するものと定義されるが，この Web サービ
スを実現するのが **WebAPI** ともいえる。HTTP などのインターネット
関連技術を応用して，ソフトウェアの連携や分散コンピューティングを
実現する。Web 2.0では，**REST**（Representational State Transfer）と

呼ばれる，状態管理を行わない（ステートレス）軽量な設計原則が主流となり，REST を WebAPI に適用したものを「RESTful API」と呼ぶ。パラメータを指定して特定の URL に HTTP で送信すると，XML や JSON 形式などで記述されたメッセージが返信されるといった使い方がされる。WebAPI の普及によりインターネット上の複数のサービスを組み合わせて新たなアプリケーションを構成することも簡単にできるようになった（「**マッシュアップ**」）。

ウォーターフォール型開発とアジャイル開発

　ソフトウェア開発では，その開発プロジェクトの進め方について，様々な手法が用いられる。プロジェクト管理の代表的な方法としては，「ウォーターフォールモデル」,「アジャイル」,「スパイラルモデル」,「プロトタイプ開発」などがある。従来は「ウォーターフォールモデル」が王道とされた。「**ウォーターフォールモデル**」は，要求定義を確定させたら，設計，開発，テスト，実装という流れを，滝が流れるように一方向に進めることによって開発を管理する。しかし，現実に開発してみると，関係者で開発物のイメージが共有できていない場合も多く，開発途中で仕様や設計の変更が発生し，これが開発期間の延長や最終開発物の質に影響した。一方，「**アジャイル**」開発では，最初は大まかな仕様と要求だけを決めておき，優先順位に応じて，プロジェクトを小単位に区切って実装とテストを繰り返しながら，全体を完成させていく。「アジャイル（Agile）」とは，本来「俊敏な」「迅速な」という意味で，従来のシステム開発より開発期間を短縮することを目標に命名されたものであるが，依頼者（発注者）の優先度や仕様の変更にも対応しやすいといったメリットがある。いずれの管理手法にも長所短所はあるが，2021年時点において，「アジャイル」開発は一定の地位を占めつつある。

表8-2　ソフトウェア開発手法の比較

名称	特徴	長所	短所
ウォーターフォールモデル	最初に全体の設計や計画を決め，要求定義が確定したら，設計，開発，テスト，実装という流れを順に進める	全体計画の俯瞰や進捗管理がしやすい。大規模な開発にも対応しやすい	開発途中での仕様の変更に対応しにくい
アジャイル	当初は大まかな仕様と要求だけを決めておき，優先順位に応じて，プロジェクトを小単位に区切って実装とテストを繰り返す	仕様変更に対応しやすい。依頼者（発注者）の協力も得ながら，希望に沿った仕様を確定できる	当初の仕様から大きく変わったり，特に複数のチームで開発する場合は開発管理に注意が必要である
スパイラルモデル	全部あるいは部分を反復しながら開発資質や精度を高める	一連の工程を繰り返して開発を進めるので，修正が容易である	当初の要求定義にない仕様が付加され，開発が肥大化・長期化してしまう可能性もある
プロトタイプ開発	開発の中間段階で試作品（プロトタイプ）を依頼者（発注者）に提供し，依頼者に試作品を評価・検証してもらい詳細仕様を決めていく	依頼者の側でも完成品のイメージがつかみやすく，納品時のクレームを減少できる	開発者側の負担が大きく，大規模な開発にはむかない

デジタルエコシステム

　エコシステム（ecosystem）とは本来，生物学の用語で，「生態系」の意味である。生態学において，生物群集やそれらをとりまく環境を1つの閉じた系とみなして様々な関係を明らかにする。これから転じて，「ビジネス生態系」という意味が派生した。様々な企業やステークホルダーが協調・連携関係，相互依存関係を形成しながら，新しいビジネス分野を成立・発展させていく様態を意味する。**デジタルエコシステム**では，さらにデジタル技術（ICT）を活用することで，ビジネスの在り様（顧客のプロセスやバリューチェーン）に本質的な変化（いわゆる**デジタル・トランスフォーメーション，DX**）を期待する。インターネットの普及とともに，多くのビジネスがフラット化・オンライン化し，様々なデータ，製品，サービスはオンラインかつピアツーピアでやりとりされる。デジタルエコシステムには，技術的基盤（インフラストラクチャー）の協調・連携も含まれ，様々なシステムやデバイスが組織の垣根をこえて簡単にしかし安全にデータをやりとりすることも含む。そのためには，システムやツールの**相互運用性**（Interoperability）を保証することが必要で，データの構造や通信の方式など関係者で合意の形成された仕様については技術標準として共有される。グローバル化した社会では，それらはオープンな（公開された）国際技術標準であることがのぞましいとされ，WebAPIは有力な解決策の1つである。

2．新常態におけるセキュリティ

　わが国でも，2020年から始まったCOVID-19パンデミックは，社会の様々な活動に多大な被害を与え，緊急事態宣言による学校閉鎖や企業活動の制限が余儀なくされた。こうした中，オンライン授業やテレワークなど，わが国でなかなか普及しなかったライフスタイルが急速に進ん

だのは不幸中の幸いともいえるが，それに乗じたサイバー攻撃もあとを
たたなかった。セキュリティ対策を考えるうえで，従来ともっとも異な
るのは，教育にせよ企業活動にせよ，教室やオフィスの外に，つまり家
庭や屋外に，情報端末が持ち出されたという点である。これまでのよう
に，ファイアーウォールの境界内を守れば十分ということではなくなっ
たのである。今後，デジタル・トランスフォーメーション（DX）によっ
て学び方や働き方の新常態（ニューノーマル）が出現する際には，リ
モートでの情報端末の利用は不可欠の要素として残るが，それに応じて
サイバーセキュリティ対策も高度化する必要がある。

ゼロトラスト

　短期的にはCOVID-19パンデミック，より長期的にはデジタル・ト
ランスフォーメーション（DX）によって，オンライン学習やテレワー
クが常態化すると，オンプレミスであれクラウドであれ，組織のサー
バーにインターネットを介して接続する機会は多くなる。そこで，境界
の内外を問わず，全ての通信を信頼できないものと考え，常時監視や
ユーザー権限の精査を行う，「**ゼロトラスト**」（全てを信用しない）セ
キュリティという対策が普及してきた。

　そこでは，境界の内外を問わず本人確認を行ったり，ツールの立ち上
げやデータのアクセスなどの要求のたびにアクセス権限を確認したり，
そもそもユーザーの権限を必要最小限に限定するなどの対策がとられ
る。これは，相手が人間の場合ばかりでなく，「モノのインターネット
（Internet of Things）」のシステムやツールの場合も適用される。

認証（Authentication）と認可（Authorization）

　セキュリティの分野では，**認証**（Authentication）とは通信の相手が

だれか確認することと，**認可**（**Authorization**）とは「ある条件」が整えばリソースへのアクセスの権限を与えることである。前者は「本人確認」，後者は「権限許可」といえる。許可のための「ある条件」が許可者リストに掲載されているというように，「本人確認」と密接に関係することが多かったので，「認証」即「認可」という事例が多いが，本来は別のものである。

　印刷されたチケットを例に説明する。昭和時代のコンサートやスポーツ観戦では購入した証としてチケットを持参した。その多くはだれに販売したかまで記載されておらず，チケットには「認証」に関する情報は記載されていないが，「認可」の条件を満たしていた。しかし，時代が下って，チケットの転売が社会問題化すると，チケットに氏名が記載され入場に際しては運転免許証などによる「本人確認」も必要になった。昭和時代のものは認証をともなわない認可の事例，それに対して現代のものは認証と認可を同時に行う事例である。現代でも，地下鉄など自動販売機で購入する乗車券は前者，パスポートの提示が必要な国際航空券は後者ということになる。

ゼロトラストを支える技術

　ゼロトラストを実現するためには，様々な技術やサービスを組み合わせる必要がある。ゼロトラストの基本的な概念とアーキテクチャーについては，2020年**米国国立標準技術研究所**（**NIST**）によってまとめられた報告書がある[1]。そこでは，7つの基本的な考え方が述べられている。

　ゼロトラストセキュリティの実現には，多要素認証などによりユーザーを同定しリソースごとにどのようなアクセス権限があるのかを管理する Identity Credential and Access Management（ICAM）システム，

表 8 - 3　ゼロトラスト：7 つの基本的な考え方（米国国立標準技術研究所，2020）

1	すべてのデータソースとコンピューティングサービスを**リソース**とみなす
2	ネットワークの場所に関係なく，すべての通信を保護する
3	個々の企業リソースへのアクセスは，**セッション単位**で付与する
4	リソースへのアクセスは，クライアントアイデンティティ，アプリケーション / サービス，リクエストする資産の状態を含む動的ポリシーにより決定する。さらに，その他の行動属性や環境属性を含めてもよい
5	すべての資産（アセット）の整合性とセキュリティ動作を監視し，測定する
6	**すべての**リソースに対する認証と認可は，**動的に，アクセスが許可される前**に厳格に実施する
7	資産（アセット），ネットワークインフラストラクチャ，通信の現状について**可能な限り多くの情報を収集**し，セキュリティ態勢の改善に利用する

　どこにどのような資産があるか，それぞれのリソースの認可条件は何かを区別するための資産管理システムに加え，ユーザーによるリソースへのアクセスを分析して不正を見つけ出す「セキュリティ情報イベント管理（SIEM）」などのような監視システムも必要になる。

セキュリティに関する技術標準

　認可において使用されるのが IETF **OAuth** 2.0 という技術標準（Technical Standards）である。典型的には，サードパーティのサービスを利用したい場合，OAuth 2.0 を利用することで，本人確認に必要な ID やパスワードをサードパーティに渡さなくても，認可を得ることができる。

　認証のための技術標準としては **Open ID** がある。2021年の時点では，アイデンティティの認証（従来の OpenID）に，認可のための OAuth 2.0 を合わせた「**OpenID Connect**」も使用されている。OAuth も OpenID

Connect も，ゼロトラストという考え方が普及する前から存在していた
ものである。さらに，「OAuth 認証」という言葉もあるのであるが，そ
の詳細については，本科目ではふれない。

3. 教育情報システムにおける実装事例

　次に，最新の教育情報システム開発を例に，どのようなセキュリティ
対策がとられているか見てみよう。

教育情報システムとは

　教育情報システムには，**学習管理システム**（Learning Management
System，**LMS**），教務 / 校務 / 学務情報システム（Student
Information System，**SIS**），ビデオ教材や電子教科書など学習コンテ
ンツを管理するコンテンツ管理システム（**Content Management
System**），電子図書館システム，学習履歴リポジトリ（データベース）
など，様々なものがある。こうしたシステムは，各教育機関で個別には
導入されてきたが，相互に接続されることはなく独立に運用されていた。
あるシステムで貴重なデータがログデータとして自動的に蓄積されて
も，データの形式（データモデル）は標準化されていなかったため別の
システムで利用されることもなく（図8-1，**サイロ化**），後年**機関研究**
（Institutional Research，**IR**）や**ラーニング・アナリティクス**（Learning
Analytics，**LA**）を進めるうえでしばしば障害となる。

　使用される教育機関や科目によって，LMS に求められる機能は多様
化した。このため，オプションとして必要な機能だけ追加する**プラグイ
ン方式**が主流となった（図8-2）。理系の科目では，バーチャル実験室
やシミュレーションが必要であっても，文系の多くの科目では必要でな
いかもしれない。教育機関や部局，科目によって必要なときにプラグイ

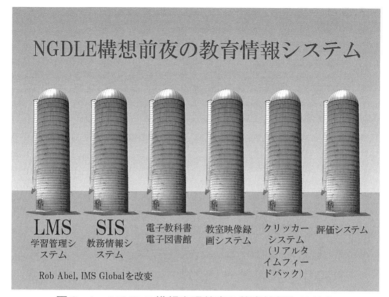

図 8-1　NGDLE 構想出現前夜の教育情報システム
NGDLE とは次世代電子学習環境（The Next Generation Digital Learning Environment）のことであり，「LMS の次」を考えるものである。次節で詳説する。

ンを追加するというイメージである。この場合も基幹プラットフォームである LMS とプラグインの間で情報のやりとりを標準化できれば，ユーザー，ベンダーともに再利用の可能性が増す。

　こうした状況は，教育情報システムの導入が進んでいた北米では2010年代前半のことであったが，わが国では2020年でも続いていた。

教育情報システム開発の現在

　2014年ぐらいから，北米の高等教育において，その情報化を担う団体 EDUCAUSE と eLearning の国際標準化団体である IMS Global

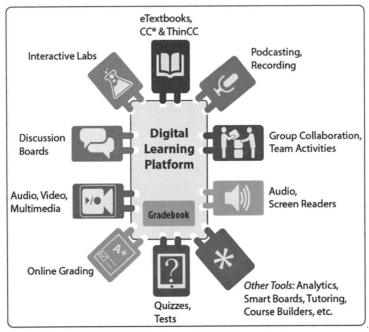

図8-2　LMSとプラグインの関係（Rob Abel, 2016）

中央に「Digital Learning Platform」とあるが，これが学習管理システムのコアの部分である。それ以外の機能は必要に応じ，必要なモジュールをプラグインする。利用者からみると，LMSと一体化して表示されるが，小テスト（Quizzes & Tests）やバーチャル実験室（Interactive Labs）はプラグインされた機能である。

Learning Consortium が共同して，次世代電子学習環境はどうあるべきかの研究が進められた。その結果提案されたのが，「**次世代電子学習環境**」（**The Next Generation Digital Learning Environment, NGDLE**[2][3]）である。NGDLE がもつべき機能として，相互運用性（Interoperability）を基礎に，**個別最適化**（パーソナル化），解析・助言・

表8-4　「次世代電子学習環境」(The Next Generation Digital Learning Environment, NGDLE[2]) の5要素

1	**相互運用性**とシステム統合 Interoperability and System Integration	システムやアプリケーション（コンポーネント，モジュール，ツールとも呼ばれる）がデータを交換でき，また交換したデータを使用できる
2	個別最適化 Personalization	学習者一人ひとりに最適な学習の環境と過程を実現できる
3	解析，助言，学習評価 Analytics, Advising and Learning Assessments	学習履歴データを分析し，その結果をもって，助言，推薦をしたり，学習を評価したりできる
4	コラボレーション Collaboration	システムが連携し，学習活動においてコラボレーションを実現できる
5	**アクセシビリティとユニバーサルデザイン** Accessibility and Universal Design	障がい者，外国語話者などにやさしい学習環境を提供できる

学習評価，コラボレーション，**アクセシビリティ・ユニバーサルデザイン**であることが明確にされた（表8-4）。

　この**相互運用性**を実現するには，システム間でデータ形式（データモデル）や通信方法（プロトコル）を共有することが必要で，そのためのコミュニティの合意が技術標準（Technical Standards）ということになる。グローバル化の進んだ現代では，それは国際的な技術標準であることがのぞましく，教育分野では **IMS Global Learning Consortium** の活動が活発である。

　その後さらに発展した **NGDLE** の概念図が図8-3である[4]。まず，LMS は中核ではなく，多くのシステム（IMS では「ツール」と呼ぶ）の1つになっている。そして，ツール同士は，LMS を介さなくてもつ

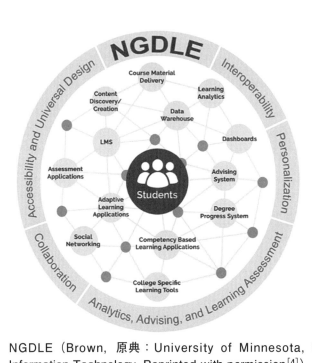

図8-3 NGDLE（Brown，原典：University of Minnesota, Office of Information Technology. Reprinted with permission[4]）

ながっている。注意したいのは，そのコンポーネントの機能から，すべてのツールがファイアーウォールの内部にあるのではなく，少なくとも一部はインターネットを介して外部につながっているという点である。この時点で，相互運用性は，インターネットを介したデータ連携でも成立する必要があり，国際技術標準によりきびしいセキュリティやプライバシー要件が加えられた。

　図8-4は，NGDLEは，ユーザー（教師や学生）個々の情報端末（スマート端末）がインターネットを介して大学のキャンパス外に分散しているというだけでなく，機関内外のデータベースやリポジトリが連携さ

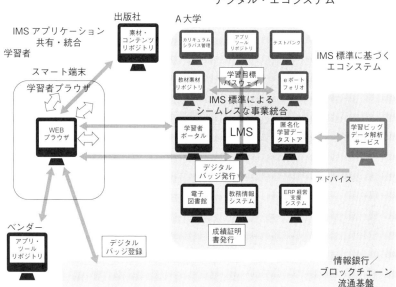

図 8 - 4　国際技術標準をベースにした教育／学習デジタル・エコシステム

れ，既存のアプリケーションやツール，コンテンツ（学習オブジェクト）が共有再利用・流通・マッシュアップされる**デジタル・エコシステム**であることを示している。

IMS Global のセキュリティ・フレームワークに見るセキュリティ対策

　IMS Global の複数の eLearning 技術標準では，**セキュリティ・フレームワーク**という共通のセキュリティ対策がとられている[5]。なかでも，Learning Tools Interoperability（**LTI**）は，システムやツール間の相互運用性を保証する，多くの IMS 技術標準の基礎となる規格であるが，その最新版である LTI 1.3では，認可（Authorization）において使用さ

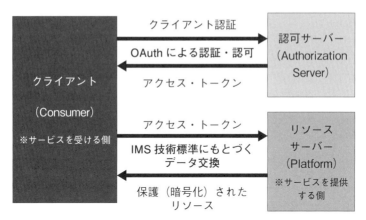

図 8-5 IMS 技術標準におけるセキュリティ対策の例（IMS セキュリティ
フレームワーク，出典：https://www.imsglobal.org/spec/security/
v1p0/, Figure 1 を改変）

認証及び認可にはいくつかの方式があり，実際のやりとりはさらに複雑であ
る。図は OAuth 2.0による認可を前提に，暗号化されたデータ交換が行われ
る場合を示す。

れているのが IETF OAuth 2.0と JSON Web Token（**JWT**）である（図
8-5[5]）。ゼロトラストのように，こうした一連のやりとりは，シス
テムやツールがつながるたびに行うこともできる。その場合一々人手を
介するわけにはいかず，機械（クライアント）による代替も行われ，連
携認証やシングルサインオン（SSO）はその一例である。

　教育情報システム同士の通信では，学習者のパーソナルデータも含ま
れるので，より厳重なセキュリティが求められる。通信が暗号化される
ことに加え，API サービスごとに，本人確認やサービス利用権限があ
るかの確認を求めることもできる。

4. まとめ

　COVID-19パンデミックの中で，Society 5.0を実現するデジタル・トランスフォーメーション（DX）の片鱗が垣間見え，われわれに新常態（ニューノーマル）の在り方を考えさせることになった。オンライン授業やテレワークにより，セキュリティ対策も境界防御からゼロトラスト防御に移行しつつある。様々なサービスがパーソナル化する中で，いわゆるパーソナルデータの扱いも厳しくなり，米国の Family Educational Rights and Privacy Act（**FERPA**[6]），欧州で「**一般データ保護規則**」（**General Data Protection Regulation**, **GDPR**[7]），そしてわが国では改正個人情報保護法に対応したプライバシー対策も必要になっている。セキュリティ対策とプライバシー対応は本来別の事象ではあるが，今後 WEB サービスの設計においては，一体化して対応することも多くなることが予想される。

🔘 研究課題

1）放送大学は，複数の教育情報システムを用いて，オンラインでの教育支援サービスを提供している。どのようなシステムがどのようなサービスを提供しているか，整理してみよう。システム間で，シングルサインオンが有効かどうか調べてみよう。

2）OAuth 認証のメカニズムについて調べてみよう。

参考文献

［1］ Rose, S., Borchert, O., Mitchell, S. & Connelly, S. (2020). Zero Trust Architecture（NIST SP800-207), NIST, USA, https://doi.org/10.6028/NIST. SP.800-207.［日本語訳「ゼロトラスト・アーキテクチャ」，PwC コンサルティング合同会社，https://www.pwc.com/jp/ja/knowledge/column/awareness-cyber-security/assets/pdf/zero-trust-architecture-jp.pdf］

［2］ Brown, M., Dehoney, J. & Millichap, N. (2015). What's NEXT for the LMS? Educause Review, 50(4), 40-51.

［3］ 山田恒夫・常盤祐司・梶田将司（2017）．次世代電子学習環境（NGDLE）に向けた国際標準化の動向．情報処理，58(5)，412-415.

［4］ Brown, M. (2017). The NGDLE: We Are the Architects. Educause Review, 52(4), 11-18.

［5］ IMS Global (2019). IMS Security Framework. https://www.imsglobal.org/spec/security/v1p0/

［6］ Family Educational Rights and Privacy Act (FERPA). https://www2.ed.gov/policy/gen/guid/fpco/ferpa/index.html

［7］ General Data Protection Regulation (GDPR). https://www.ppc.go.jp/enforcement/infoprovision/laws/GDPR/

9 情報セキュリティとリスクマネジメント

辰己丈夫

《**本章のねらい**》 リスクマネジメントの考え方と，実際に発生した事件の例を通して，プライバシー観の歴史的変遷，OECD ガイドライン，EU 指令，個人情報保護法や GDPR などについて述べる。
《**キーワード**》 情報セキュリティ，リスクマネジメント，プライバシー，GDPR

1. リスクマネジメントの一般論

1.1 リスクの発見と評価

　まず，**リスク**とは「障害が起こる確率が高い状態，あるいは発生すると被害が非常に大きい障害が予想できる状態」のことをいう。既に起こってしまった障害（事故・事件・犯罪）のことをリスクとは呼ばず，**インシデント**といい，リスクと区別する。また，あるリスクに対して発生確率を見積もり，さらに，被害が発生した時の被害（主に金額）の評価（計算）を行うことをリスク評価という。

- ●障害の発生確率と被害の計算
- ●対策にかける費用の算出

　例えば，「被害は大きくないが，起こり易そうな障害がある状況」はリスクである。例えるなら，我が国では，屋根がついていないところにいると雨が降れば困るものの，日常的な範囲では雨が降っても傘をさせば被害は大きくないことから，降雨は小さなリスクである。一方，100

図9-1　雨の日は傘をさす（左），
地震への備えは？（右：気象庁ホームページより）

　年に１回しか起こらないが起こってしまうと大きな被害が発生すると予想される地震は，大きなリスクとして考えるが，１万年に１回しか起こらないような隕石の衝突は，あまりにも確率が小さく，また，もし発生したときには，多方面の全地球的災害になることから対策を考えようがなく，リスクとみなされることはない。

　このようにリスク評価を行うことは，対策にかける費用を算出するときの重要な基準になる。被害が１万円しか発生しないのに10万円を対策に使うというのは無理もある。また１万年に１回しか起こらないリスクに費用をかけて対策するのも難しい。

　情報セキュリティに対して，どのようなことが原因で，どのような脅威があるのか，どのような犯罪が発生しているのかは，さまざまに考えられる。例えば，パスワード管理，マルウェア（コンピューターウイルス，スパイウェア），不正アクセス，サーバーへの侵入や乗っとり，ランサムウェア，アクセス制御設定ミス，出会い系サイトやコミュニティサイトでのトラブル，匿名掲示板・SNS・ネットを利用した炎上（議論が著しく活発になること）や犯罪，いじめなどがあるだろう（他にも多数想定可能である）。

　これらのインシデントが，過去にどのようにして発生していて，どの

程度の被害を与えてきたのかを把握することは，たとえ新種の犯罪や事件・事故を考える場合であっても，リスクマネジメントを考える上で必要であるといえる。

1.2 リスクへの対応段階と側面を考える

　この項では，リスクマネジメントを段階と側面の2つの考え方について述べる。

　対応が必要なリスクが，実際にインシデントとならないようにするべきであることはいうまでもないが，インシデントが起こらないようにすることだけでは不十分である。発生してしまったときの対応のために準備として何を行っておくべきか，発生したときに行うべきことは何か，事後に行うべきことは何かを考えることも重要である。ここでは，この対応を次の4段階に分ける。

1. **事前防御**　インシデントが発生しないように行う対応。例えば，コンピューターウイルスの危険があるなら，アンチウイルスソフト（ウイルス対策ソフト）を導入し，定期的にアップデートを行っておく，など。

2. **事故対応の準備**　インシデントが発生したときに困らないように，インシデント発生以前に行っておくべきこと。例えば，サーバーへ外部からの侵入があったときに，侵入経路を分析するために，サーバーログインの記録（**ログ**）を取っておくとともに，データの毀損に備えて，バックアップを作成しておく，次に述べる事中対応の手順をあらかじめ決めておく，など。

3. **事中対応**　インシデントが発生したときの対応をする。例えば，組織内の人物による SNS でのトラブルが発生した場合は，当事者と連絡を取る（メールや，直接の面談）など。また，被害・損害があ

る場合はそれを復旧する。

4．事後処理　インシデントに関する処理が終わったあとに行うべき内容。例えば，報告書の作成，関係者での再発防止策の検討，各種規約やポリシーの徹底や，改定など。

　次に，インシデントの側面を見ての対応を考える。例えば，あるインシデントは，組織内部での担当者をきちんと決めておくことで防ぐことができたかも知れないし，別のインシデントでは，事後処理のために多額の予算が必要になるため，保険に入っておく方がよいかも知れない。別のインシデントの事後処理には組織内部での研修・教育が必要となる。このように，インシデントへの各段階毎の対応にも，さまざまな側面がある。ここでは仮に側面を次の5つに分けて考えてみることとする。

人的（H）　組織の作り方，役割の設定など

教育（E）　対応を担当者・関係者・顧客に伝える作業，研修

費用（C）　費用や賠償額，保険掛金，性能がよい製品や機能が豊富な製品の導入

技術（T）　コンピューターの設定や，部屋の鍵への工夫

法（L）　規程，規約，ガイドラインの制定（行政），法律の制定

　上記の分け方は，考え方の一つの方法であって，他の分け方をしても構わない。そして，これらを組み合わせて作られるのが，表9-1である。

表9-1　リスクマネジメントの実施

段階	人的H	教育E	費用C	技術T	法L
1．事前防御	H1	E1	C1	T1	L1
2．事故対応の準備	H2	E2	C2	T2	L2
3．事中対応	H3	E3	C3	T3	L3
4．事後処理	H4	E4	C4	T4	L4

　このようにして，インシデント対応を一次元的に考えるよりも，対応を二次元に分解して考え，検討を行うことで，問題点を発見しやすくなる。

2. 個人情報保護とプライバシーの歴史的経緯

2.1　OECDプライバシーガイドライン

　OECD（経済協力開発機構）の理事会は，1980年に「**OECDプライバシーガイドライン**」を採択した。当時，コンピューターの利用が急速に増えてきたため，個人のプライバシーを尊重することが目的であった。その内容[1]を示す。

1．収集制限の原則

　適法・公正な手段で，通知・同意を得て収集するべき

2．データ内容の原則

　利用の目的に沿っており，完全・正確・最新であるべき

3．目的明確化の原則

　収集時に目的を明確化し，利用はその制限を受けるべき

4．利用制限の原則

　同意または法による場合を除き，目的以外に開示利用されてはならない

5．安全保護の原則

　紛失・無制限アクセス・破壊・使用・修正・開示等から保護されるべき

6．公開の原則

　収集方針などは公開され，存在・種類・利用目的・管理者は公開されるべき

---

[1]　外務省による仮訳を，上原哲太郎氏が訳したもの（「情報のセキュリティと倫理」放送大学教育振興会，p.154）を引用した。
https://www.mofa.go.jp/mofaj/gaiko/oecd/security_gl_a.html

7．個人参加の原則

　本人に関するデータの存在確認・開示・削除・訂正請求ができるべき

8．責任の原則

　データ管理者は上記諸原則を実施するための措置に従う責任を有する

　このOECDガイドラインを受けて，EUでは，1995年にEUデータ保護指令が採択され，加盟各国での個人データの保護のために，様々な国内法を制定することが求められた。

2.2　宇治市役所住民基本台帳データ漏洩事件

　1999年，京都府宇治市では市役所から住民基本台帳の情報が流出し，名簿業者に転売されるという事件が発生した。

　1）まず，宇治市役所で乳幼児検診システム開発に関わっていた業者Aは，システム開発に時間がかかってしまったので社内で残業をして開発をしたいと申し出た。そして，市役所から住民基本台帳に関するデータを持ち出して，社内で開発を行った。

　2）この業者Aでアルバイトをしていた大学院学生Bがその情報のコピーを作り，名簿業者Cに販売した。

　3）名簿業者Cは，その情報をコピーした光磁気ディスクをインターネットのWebサイトに広告を出して販売した。ある新聞記者Dがこのことに気がつき，この情報を入手して宇治市長に問い合わせて事件が発覚した。

　4）その後，市は業者Cから光磁気ディスクを回収した。幸い，光磁気ディスクのコピーがインターネットを通じて出回ってなかったので，情報はほぼ完全に回収されたといわれている。

5）市は市民に「お詫び」を作成して配布する経費・人件費を業者Ａに請求し，支払いを受けた。しかし，当時は個人情報の流出を犯罪とする法令も条例もなかったので，こういった費用以外の賠償請求ができなかった。

6）その後，宇治市の市民３名がこの事件について市役所を訴えた。結果は，一人につき慰謝料と弁護士費用として15,000円の支払いで市役所が敗訴した。流出した情報は，実は選挙の時の「選挙人名簿」でも閲覧できる情報だけであったが，裁判（高裁判決。最高裁では控訴棄却。）では「市民が自分の情報をどのように提供されるかを制御する『**自己情報コントロール権**』」を認めた。

この事件が起こった背景は次のようなものであろう。

- 1980年代は，ほとんどの家庭が自分の電話番号と住所を電電公社（後にＮＴＴとなる）の電話帳に掲載していたように，個人情報の他者による利用に対して，多くの人が無頓着であった。また，個人情報を入手しても，それを活用する為に必要となるコンピューター・ネットワークが普及しておらず，現在と比較すると個人情報の利用価値は低かった。

- 市役所業務にコンピューターなどの情報機器の導入が行われ始めたのは1980年代である。その頃，システム開発やシステムメンテナンス業者が市民の個人情報を持ち出すことは，比較的容易に行えた。持ち出された個人情報を名簿業者に転売しても，その行為の犯罪性をほとんどの人が意識し得なかったし，また，利用価値もほとんどなかった。

- 結果として，1980年代に導入された市役所などの情報システムには，個人情報の持ち出しに関して，強い規制が行われなかった。

- 1990年代に入り，家庭用のパソコンやインターネットが普及した。また，クレジットカード情報やPOSシステム情報などが普及した。結果として，個人情報の利用価値が急速に増加した。
- しかし，市役所における個人情報持ち出しに対する強い危機意識は起こっていなかった。

人々の個人情報に対する意識や利用価値が変わったにも関わらず，組織として対応ができなかったことが，漏洩事件を招いたといえる。

2.3 個人情報保護法

先述したとおり，1995年には **EUデータ保護指令** が採択され，EUと同等のデータ保護を行っていない国などに対しては，EU市民の個人情報を移転することが禁じられた。さらに，宇治市での事件の他にも，2000年前後には，いくつかの個人情報漏洩事件があった。

こういったことが経緯となり，我が国でも **個人情報保護法** の必要性が議論されるようになった。2003年には，最初の個人情報保護法が国会で成立し，2005年から施行された。個人情報保護法は，その後，数回の改正を経て，より現実に即して効果がある法令になっている。

3. 行動トラッキング問題から GDPR へ

ここでは，個人情報の取扱に関する1つの事例として，行動のトラッキング問題を取りあげる。これは，広告事業者や，通信事業者が，利用者個人を特定して，それを追跡できるようにしている状況のことである。

3.1 クッキーの仕組み

例えば，ショッピングサイトのWebサーバーは，利用者それぞれに，

適切に情報を送り届けることで，利用者の注文を区別する必要がある。このときに利用されるのが，「クッキー」というデータである。

　Webの通信手順では，URL（URI）で示された情報を入手した時点で通信は終了し，また，インターネットでは同一のIPアドレスを異なる利用者が共有する仕組みも広く普及している。したがって，このままではWebサーバーが通信相手を特定することはできない。たとえ，同じIPアドレスから1秒間隔で通信（アクセス）があった場合でも，その2つの通信が，同じ利用者からのものであるとはいえない。そこで，一度通信した相手が再び通信をしてきたときに，過去のどの通信相手と同じかを調べるために使われる仕組みがクッキーである（図9-2）。

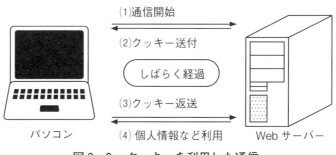

図9-2　クッキーを利用した通信

1）Webサーバーに通信があると，
2）WebサーバーはWebブラウザにクッキーと呼ばれる文字列を送信する。クッキーには，通信相手のホスト名などが一定のルールで記載されている。Webブラウザはクッキーを保存し，
3）次に同じ通信相手と通信をするときにクッキーを付加して送信する。Webサーバーは，以前に送付したクッキーと，送られてき

たクッキーと同じクッキーを照合することで通信相手を特定し，
4）個人情報などをそのまま送付する。

クッキーの仕組みを前提で考えると，ブラウザが保存したクッキーは，
いわばパスワードのようなものであるということもできる。したがって，
クッキーの内容を他人に見せたり，クッキーを送ってきた通信相手と異
なる通信相手に送付してはならない。

なお，Web メールや Web ショッピングなどに設置されている「ログ
アウト」ボタンを押すと，通常は，そのサイトとの通信のために利用者
のパソコンに保存されたクッキーが消去される。また，使用期限を過ぎ
たクッキーも自動的に消去される。これは，使う必要がなくなったクッ
キーが意図しない利用に使われることを防ぐためである。このことから
わかるように，Web メールなどのサイトからログアウトをしていない
ブラウザを他人に使わせることは，避けるべきである。

3.2　クッキーを利用した広告と，その規制

上に述べたように，クッキーを利用することで，サーバーはクライア
ントごとに異なる情報を表示させることができる。これは，利用者が承
諾した買い物や，検索結果の表示，Web メールの利用であれば，有効
な利用である。

1）ある利用者は，ニュースサイトの自転車の広告をよく閲覧し，ま
た，自転車に関する検索をよく行っていたとする。

2）ニュースサイトと検索サイトに広告を入れている広告代理店が，
その利用者の Web ブラウザにクッキーを保存させる。

3）この利用者が，別の日に同じサイトを訪問すると，Web ブラウ
ザのクッキーがサーバーに送付され，その結果，自転車の広告が
配信されるようになる。

　4）この利用者が，別のサイトを訪問したとしても，そこには同じ広
　　　告代理店の広告枠があり，結局，自転車の広告が表示される。

　このようにして，Web サーバーから利用者の Web ブラウザに，どの
広告を開いたのかという情報や，どの検索語を用いたのかという情報を，
クッキーを使って利用者の Web ブラウザに保存させることが可能と
なった。

　利用者は，同じ広告代理店が広告を入れていることを知らなければ，
自分の個人情報がサーバーに無断で保存されていると勘違いしてしまう
が，実際は，個人情報を保存しているのは利用者の Web ブラウザであ
る。しかし，これでは多くの人が自分の個人情報の取扱について，不安
を覚える状況にある。

3.3　GDPR

　2018年 5 月から適用が始まったのが，「**EU 一般データ保護規則**」
（"General Data Protection Regulation"で，**GDPR** と略される）である。
これは，OECD プライバシーガイドラインや，EU データ保護指令など
で尊重された個人情報とプライバシーの保護を，その時代に即して更新
した内容となっている。

　この GDPR では，例えば，クッキーは個人に関する情報である「個
人データ」としてみなされる。この個人データを，本人同意なく利用す
ることができない。そのため，EU 域内にサーバーを設置している企業
の Web サイトを訪問すると，ほとんどの場合，クッキーを使用するこ
とを承諾させるボタンなどが表示される（図 9 - 3）。承諾が得られない
場合は，利用者を特定したデータの閲覧はできない。

　なお，2020年 1 月から施行された，**カリフォルニア州消費者プライバ
シー法**（"California Consumer Privacy Act"，**CCPA** と略される。）でも，

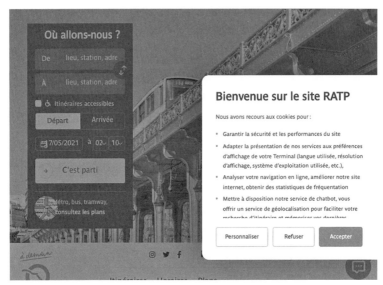

図 9 - 3　パリ交通公団 https://ratp.fr/ を初訪問したとき

GDPR とは異なる基準で，消費者の個人情報の保護を求めている。

　一方で，日本ではクッキー利用の承諾を求めることは，現時点（2021年12月31日）では必要とされていない。これは，日本の個人情報保護法が，まだ，GDPR と同等の内容になっていないからである。

🔊 研究課題

1）日常生活における様々なリスクを取り上げ，それぞれについて，リスクマネジメントとして，どのようなことを考えるべきか，列挙しなさい。情報セキュリティに関するもの，それ以外に関するもの，それぞれ想定してよい。

2）企業や，学校などで，情報セキュリティを確保するために，どのような組織を構成するべきか。その組織の規模や目的，取り扱う情報の種類・質などを考慮しながら，組織のメンバーや，メンバーの役割，任期，研修などを考えなさい。

引用・参考文献

［1］国立情報学研究所　高等教育機関における情報セキュリティポリシー推進部会，高等教育機関における情報セキュリティポリシー推進部会，電子情報通信学会ネットワーク運用ガイドライン検討ワーキンググループ：「高等教育機関の情報セキュリティ対策のためのサンプル規程集（2010年版）」

［2］佐藤義弘，辰己丈夫，中野由章 監修：キーワードで学ぶ最新情報トピックス 2021，日経 BP, ISBN 978-4-296-07000-8（2021）

10 | 情報社会の法とジレンマ

辰己丈夫

《**本章のねらい**》 法令やルール・規範・倫理的判断と，道徳・モラル・義務・約束との関係が，情報社会において，どのように現れ，ジレンマを構成するかについて述べる。ハクティビズムについても触れる。

《**キーワード**》 倫理，道徳，ジレンマ，正義

1. ルールと倫理

1.1 自分を作るルール

　例えば，食事をする時にまずおかずから食べる人，汁物から食べる人，ごはんから食べる人，酒がないと困る人，順番には気にしない人など様々な人がいるが，いずれの場合も「自分はこういうルールで食事をする」といえる。自分で定めたルールにしたがって行動をすることは，その人が自分のやりかたをきちんと定めておくことで自己を確立する，すなわち「自分のためのルールを作ること」は，人格を作り上げる行為の一つともいえる。もし，同じ人が「ある時はあるルールで，別の時は別のルールを自分で定めて行動する」と，複数の人格を自分の中に持つことになる。多くの人は，そのような状況には混乱してしまう。

1.2 相手とのルール

　例えば自分がAさんと共有するルールは，Aさんとの約束である。同じようにBさんと共有するルールはBさんとの約束である。本人の意思

で約束を守れない人は，嘘をついているといえる。嘘をつくことが多い人は，他人から信用されなくなる。このような問題は，一般的にはモラル（**道徳**）の問題と呼ばれる。

1.3　社会を作るルール

　一人ひとりが自分のルールを持っていても，それが他人との衝突を起こす場合は，誰かは自分のルールに変更を加える必要がある。そして，社会全体で共通に認識されるルールが，社会を構成するルールである。例えば，今の日本国には憲法があり，その他様々な法律が作られている。各地方公共団体（自治体）は条例を定めている。企業や学校にも規則・ルールがある。近所付き合いにも文章化されていないルールがある。社会にルールがあるのは，複数の人が共同で生活を送る必要があるからである，といえる。

　社会を作るルールの中でも，支配のためのルールと，罪と罰のルールは重要である。例えば，**所有権**は支配のルールである。権利が成立することで，「物的支配の権利」を持つものが優先利用する権利を持つ。日本では，所有や意思表示などに関するルールは，民法という法律で定められている。一方，ルールに反した行動，すなわち罪の行為を犯した人に制裁・罰を与えるルールも存在する。例えば，地域社会でのルールに反すれば排除という罰を負う。ある企業が，他のある企業との契約を守らなかった場合には，契約違反による違約金支払いという罰を負う。日本国政府が定めた法律に違反した人には，日本国政府が定めた法律で罰せられることになる。この法律の中には，罪の大きさに比べて不当な罰を与えることができないように，また，罰を逃れることができないように，国民全体に対して罪と罰の関係を定める刑法という法律もある。

1.4 モラル（道徳）と倫理のジレンマ

特定の相手とのルールを守ることをモラル（道徳）と呼ぶのに対し，明文化されているか，されていないかに関わらず，社会全体で共通なルールのことを**倫理**という。

モラルは，相手次第で異なっていても構わないし，それが社会に迷惑をかけない限りは，倫理よりも優先する。例えば，巨大なファイルを添付したメールを送ることは，社会的には容認されない行為であるが，相手がそれを望んでいるならば行ってよい[*1]といえる。一夫多妻制は日本では倫理的に許されないが，一部の国では許容されている。このように，倫理は，社会・国家によって異なることがある。

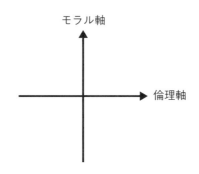

図10-1　倫理とモラルは直交する

いくつかのルールが存在する社会・個人では，ルール同士で矛盾を起こすことがある。「友人のAさんから「内緒だけど，勤務する会社が倒産しそうなので転職先を探して欲しい」という相談を聞いたあなたは，Aさんが勤務している会社の株を保有しているあなたの恩人Bさんに，株を売るように勧めることができるか？」という問題は，Aさんとの内緒の約束，その社会にあるインサイダー取り引きを禁止する法律（倫

[*1]　もちろん，相手がそれを望んでいても，社会（この場合は通信経路上のサーバーやネットワーク）に迷惑をかける場合は容認されない。

理)，あなたの恩人Bさんに迷惑をかけられないという**ジレンマ**に悩む。
ジレンマにあった場合にどのように振舞うべきかの一般論は存在しない
が，ルールを考えるにあたっては，ジレンマは避けられない問題である。

2. 著作権

　ルールは社会生活を円滑に進めるために不可欠なものであるが，一方
で，社会の情報化は急速に進んでいる。そこで，従来のルールが情報化
の進展によって変更されたり，新しいルールが必要になったりしている。
ここでは，**著作権**と社会の情報化について議論を行う。

2.1　著作権の考え方

　本来，著作権の考え方は，技術の進化に伴って発生したものである。
まず，1462年グーテンベルクによる活版印刷技術の発明があった。

　その後，印刷技術が発展し，海賊版による利益減少に困った印刷業者
が排他的な印刷による利益を得る権利を，国のルールとして印刷業者に
認めさせたのが著作権（Copyright）である。その後，著作権は，印刷
業者から作家・その他の芸術全般の創作家へと主体が移った。また，印
刷技術や複製技術や利用方法が進化・変化するたびに著作権の適用範
囲・解釈が拡大された。

2.2　現在の著作権法における取り扱い

　著作権法では，著作物とは，「文学，学術，美術，音楽の範囲に属し，
思想または感情を創作的に表現したもの」となっている。具体的には，
「第10条　この法律にいう著作物を例示すると，おおむね次のとおりで
ある。」に次のように例示されている。

　1）小説，脚本，論文，講演その他の言語の著作物

2）音楽の著作物

3）舞踊又は無言劇の著作物

4）絵画，版画，彫刻その他の美術の著作物

5）建築の著作物

6）地図又は学術的な性質を有する図面，図表，模型その他の図形の著作物

7）映画の著作物

8）写真の著作物

9）プログラムの著作物

ところで，著作権に関する法律は，一つの国で決められるものではない。ある国で情報の複製が禁止されても他の国で著作物が複製されてしまうと，権利侵害となる。このような問題を避けるために，ベルヌ条約という国際的条約が存在していて，世界の国のほとんどがベルヌ条約を批准している。

なお，以下の例のように，著作物によく似ているが著作物ではないものと，権利対象でない著作物には権利が及ばない。（ただし，他の法令などで保護されるものもある。）

著作物でないものの主な例：事実の伝達，時事の報道，数学的・科学的なデータ，料理（調理方法を書いた「レシピ」は著作物），顔，名前，本や楽曲などの題名，住所，IP アドレス

保護されない著作物：憲法，その他の法令，判決文

2.3　著作者人格権

著作者人格権には，「**公表権**（第18条）」「**氏名表示権**（第19条）」「**同一性保持権**（第20条）」の3つがある。公表権は，著作物の作者が未公

開の著作物を公表するかどうかを決める権利である。したがって，もし，ある人が未公表の彫刻を買ったとしても，著作者が「公表して良い」と認めないと，その彫刻を公表できない。次に，氏名表示権は，著作物を公表する時，本名やペンネーム，あるいは匿名にするといったことを，著作者が指定できるという権利である。そして，同一性保持権は，他人が作った著作物を改変してはいけないという権利である。

　なお，著作権は売買の対象となり得るが，著作者人格権は，著作権法に「著作者の一身に専属し譲渡することができない」と書かれており，売買の対象とできない。

2.4　著作権を持つ人が権利を行使できない場合

　著作権法では，正当な文化の発展と人権を守る観点から，いくつかの場合において過度の利用制限を禁止している。

　以下に，3つの例を述べるが，他にも当てはまる条件が，数多く存在する。

●**私的利用**とは，利用者が著作物を自分のためだけに利用したい場合のことである。例えば，テレビ番組を家庭用ビデオで留守録して後で見る場合や，自分で購入した音楽 CD を携帯音楽プレーヤーやカセットテープにコピーして電車の中や車の中で聞くという場合である。

●**引用**とは，報道・批評・研究のために，例えば他人の作品の一部を示す，あるいは，中身について批評をする，研究対象として一部を示す場合のことである。引用を行う場合は，その著作物の題名，製作者を明らかにし，さらに，自分の著作物と引用された著作物の境目をはっきりさせることが必要である。また，「自分の著作物」といってもそのほとんどが他者の著作物の引用ではおかしい。そこで，引用されている部分が

158

多くないことも条件である。

●**営利を目的としない上演**とは，「代金を取らない」「対価を得ない」「上演，演奏，上映，口述に限られる」という条件が全て成り立つ場合である。例えば観客からお金をもらわず，歌う人がお金をもらわないならば，人前で他者が権利を持っている著作物である歌を歌ってもいい。

3．知的所有権

　著作権以外にも，「モノ」ではなく「知識」に関する権利が存在し，知的所有権，あるいは知的財産権と呼ぶ。

特許権や実用新案：工業的な創意工夫に対する権利で，権利を持たない
　　人が勝手に創意工夫を利用することを禁止している。
商標権とサービスマーク：会社や製品につけるマークやサービスを象徴
　　するマークに対する権利である。ある会社のマークと同じような
　　マークを他の会社や他の製品につけたり，サービス広告につけるこ
　　とを禁止できる。
工業意匠権：工業製品のデザインの使用権利である。
　これらの権利は，知的財産を利用する企業，あるいは企業と取り引きする発明家が持つ知的財産のための権利である。

4．知的財産を公開する活動

　ここまでは，著作者や，著作権の上を受けた者を保護するための仕組みについて述べたが，逆に，経済的な利益を追求せず，著作物を広く使えるようにする活動もある。
　これは，作者（作家，芸術家など）が，創作時点であらかじめ宣言することで，利用者が利用しやすくなる，ということである。著作権使用

料（印税や，原稿料など）を得られ，著作物の勝手な改訂を許さない仕組みのため，著作物がコピーされにくくなってしまう。

そこで，「最初は著名度をあげるためにあえて無料で普及を図ろう」という人や，一定回数の利用を無料とする人，学習目的に限定して無料公開する人など，金銭を追求せずに，著作物を公開する人もいる。

ここでは，「クリエイティブ・コモンズ」「オープンソース」「オープンデータ」について述べる。

なお，これらの「オープンな状態」のソースコードや，データを利用する方法（規約）を，全体としてオープンライセンスと呼ぶ。

4.1　クリエイティブ・コモンズ

クリエイティブ・コモンズでは，次の４つの宣言のそれぞれを，行うか，行わないか決めることができるとされている。

BY：（作者名の）表示（複製してもよいが，作者名を明示すること。）
NC：非営利（複製してもよいが，それを複製したことでお金を得てはいけない。）
ND：改変禁止（複製してもよいが，改変してはいけない。）
SA：継承（複製したものにも，他の３つの宣言が継承されて適用される。）

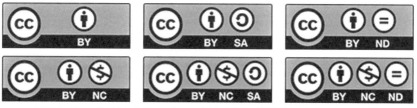

図10-2　クリエイティブ・コモンズの６種類のライセンス表記

これらを組み合わせた表記マークは，次の6種類存在する（図10‐2）。

例えば，CC-BY-NC は，クリエイティブ・コモンズが作成したルールに従い，著作権・著作者人格権そのものに該当する「全てが有効な状態（BY，NC，ND，SA）」と，パブリックドメインに該当する「全てが無効な状態（BY，NC，ND，SA が全て無指定）」との間の設定をしたいときに利用可能となっている。

多くの芸術家が，クリエイティブ・コモンズを利用して作品を公開している。また，教育目的での活用を意図して作成・公開されている教材（本やビデオ）も増えつつある。

4.2　オープンソース

コンピューターを動作させるプログラムを，Web などを利用して，全面的に公開されているものを，**オープンソース**と呼ぶ。

1970年代後半から，パソコン（当時は「マイコン」と呼ばれていた）のソフトウェアを日曜大工的に趣味で作成する人たちが，そのソフトウェアの中身もすべて公開していた。これらは，「フリーソフト」「パブリック・ドメイン・ソフト」（PDS）などとも呼ばれていた。

その後，大規模なシステムソフトウェアなどに適用したオープンソースが，登場するようになった。BSD，Linux などのオペレーティングシステムは，古くからオープンであることを前提として作成されてきた。

- BSD とは「Berkeley Software Distribution」のことであり，カリフォルニア大学バークレー校の教員・学生らが作成した，OS などのソフトウェアである。
- Linux は，ヘルシンキ大学の学生であったリーナス・トーバルズが，1991年に作成した OS などのソフトウェア群を発祥とする。

いずれも，完全に公開されていることから，無料で利用できるだけで

なく，その動作に疑念を持ったときは，プログラム全文を精査することで，動作を改良したり，作者に報告することができる。その結果として，極めて高い安全性と高性能が確保されていると言ってもよい*2。

　例えば，2021年から本格稼働を始めた理化学研究所のスーパーコンピューター「富岳」は，Linux の1つである Red Hat Enterprise Linux を採用している。

　また，Macintosh の OS である macOS は，BSD のソースから派生した Darwin を基盤としており，一方，マイクロソフトは，Windows 10 で動作する Linux のエミュレータ WSL，WSL2を公開している。オープンソースで制作されたソフトウェアは，商用ソフトウェアと遜色がないばかりか，ソフトウェア制作企業からも利用されるようになってきている。

4.3　オープンデータ

　オープンデータとは，様々なデータを，Web などを利用して公開しているもののこと。自治体などが持つデータは，個別には情報公開請求で入手できることが多いが，これを，請求がなくても，自治体が率先して公開していることがある。

　例えば，AED（自動体外式除細動器）は，突然の心停止のときに有効な機械であるが，頻繁に利用されるものではなく，また，高価であるため，設置場所が限られている。そこで，いくつかの自治体では，AED を設置している場所の情報（緯度・経度）をオープンデータとして公開している。このデータを地図アプリなどと組み合わせて使う（図10-3は，文京区の AED 所在地のオープンデータをオープンストリートマップ上に表示したもの。）ことで，AED を必要としているときに，役立てることができる。

＊2　本教材を執筆している筆者の環境は，OS：FreeBSD，ウインドウシステム：X-Window，テキストエディタ：Gnu Emacs，組版 LaTeX を採用している。いずれも，オープンソースなソフトウェアである。

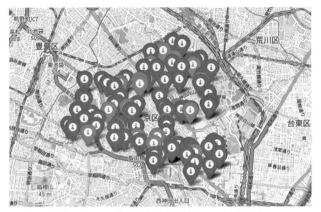

図10-3　東京都文京区の AED 所在地

図10-4　東京都のオープンデータサイト

　また，2020年１月から世界的に感染拡大した，新型コロナウイルス感染症では，多くの自治体から，検査人数（検査数），新規に陽性になった人数，重傷者数，死亡者数などの統計的なデータが，日々オープンデータとして公表された（図10-4）。このデータを利用して，様々な

分析が行われた。

5. 情報技術の進展とジレンマ

　情報技術の進展は，ジレンマを多く生み出している。ここでは，次の各項について述べる。

- ●エニグマの解読
- ●WEP の危殆化と WPA
- ●犯罪捜査と認証
- ●DNA データベースを利用した犯人特定
- ●ハクティビズム

5.1　エニグマの解読

　エニグマとは，ナチスドイツによって運用された暗号機械である。暗号文に現れたキーボードのアルファベットキーを押すと，その文字を復号した文字のランプが点灯する。１文字毎に異なる回路によって暗号化・復号を行うため，頻度分析攻撃に強いとされた。また，複雑な数学的計算を行わずに，機械に取りつけられた回転盤を回すことで「復号鍵」を設定できたため，潜水艦の中などでも取り扱うことができた。実際には，毎日，本部からの最初の通信内容を元に冊子体の乱数表を引いて，鍵を設定していた。

　ナチスドイツはエニグマを利用して，バルト海やドーバー海峡などにUボート（潜水艦）を展開し，第二次世界大戦の前半を優位に進めた。連合国の１つであるイギリスは，エニグマを解読するための国家プロジェクトを秘密裏に立ち上げ，これに関わったのが，後に計算機科学者として名を残す**アラン・チューリング**であった。

　チューリングらが関わったプロジェクトは，ロンドン郊外のブレッ

チェリーパークに作られた秘密の施設で作業を進め，初期バージョンのものであれば解読できるようになった。この初期バージョンは 3 つの回転盤を利用していたが，後に 4 つの回転盤を利用する改良型が登場し，複雑さが増大した。連合軍が秘密裏に暗号機を入手，また，乱数表を入手するなど，様々な取り組みがなされ，エニグマを利用した暗号を解読することができるようになった。つまり，エニグマ暗号は危殆化した。だが，イギリス軍・連合国軍は暗号を解読できるようになったことを公表せず，そのまま戦争を進めていった。解読のおかげで救われた人命も数多いが，一方で，イギリス軍・連合国軍が解読していたのに避難を呼びかけなかったために亡くなっていった人もいた。また，第二次世界大戦終了後も，1980年頃までエニグマ暗号解読の事実は隠されていた。この理由は不明であるが，この事実を隠していたことが，戦後，アラン・チューリングが病んでいく原因になったのではないかと言う意見もある。

　エニグマと，その解読の作業自体はコンピューターの歴史として数えられるものではないが，文字を数と同様に扱う数学の成果を利用した暗号生成や解読の概念は，その後につながるコンピューターの発明・普及をささえている。

5.2　WEP の危殆化と WPA

　無線を利用した LAN（以後，無線 LAN と略す）では，有線通信と異なり，通信内容をどこでも傍受できることから，通信の際に暗号化するメリットが大きい。無線 LAN の業界標準規格である IEEE 802.11では，当初は **WEP**（Wired Equivalent Privacy）という名称の暗号化方式を採用していた。だが，2001年頃から，暗号学の専門家らによって攻撃（解読）方法が公表され，さらに，誰でも簡単に解読することができ

るツールが公開され，WEP は危殆化した。Wi-Fi Alliance は，無線 LAN 用の新しい暗号化方式として **WPA**（Wi-Fi Protected Access）と高度な WPA2を制定した。

　我が国で普及した小型の携帯ゲーム端末の一部では，安全な WPA に対応せず，危険な WEP のみしか利用できないことから，我が国では，いまだに WEP 対応のアクセスポイントを運営している箇所が少なくない。だが，WEP 接続によって通信内容がすべて丸わかりとなる。実際に，WEP 解読を利用したクレジットカード番号盗聴詐欺事故も発生している。

5.3　犯罪捜査と認証

　暗号と犯罪に関する問題は，常に情報倫理の問題として議論の対象となっている。

　現代暗号は，暗号化と復号のアルゴリズムが公開され，そこで用いられている秘密鍵のみが秘匿されるという仕組みになっていることから，誰でも暗号を作ることができ，また，秘密鍵を知る人ならば誰でも復号することができる。

　テロリストに代表される犯罪者であっても，暗号を利用してデータの保存や通信を行うことができる。そして，現代の戦争やテロで利用する暗号機器は，第二次世界大戦のときのエニグマのように国家プロジェクトで築かれた大がかりなものでなく，小型のスマートフォンやパーソナルコンピューターでも十分に性能的に十分な役割を果たす。

　2016年，アメリカの連邦捜査局（FBI）は，対アメリカテロ容疑をかけられながら死亡した人物が普段から利用していたスマートフォンを入手した。このスマートフォンには**パスコード**によるロックがかけられており，それを解除する認証を経ないと中身のデータを取り出せない状況

であった。FBI は，このスマートフォンのメーカーに認証解除を依頼したが，メーカーは「利用者の情報を勝手に開示することはできない」という理由で，この依頼を拒否した。このことは，マスコミを通じて世界中に報道され，「政府の命令でスマートフォンの認証を解除することの是非」について，様々な議論が行われた。

開示賛成

- テロリストの情報は開示すべきである。
- スマートフォンのメーカーは，こういうときのために，あらかじめ解除コードを用意しておき，必要な際は政府に協力すべきだ。
- このまま開示しないと国民の安全が脅かされる。

開示反対

- テロリストかどうかは調査すべきである。
- 政府がテロリストと認定しても，単なる現政権に批判的な人（野党の支持者）かもしれないので，このような取り扱いは危険である。
- 開示されることで，国民は政府から監視される。

この点に関する議論は，多くの専門家同士でも立場が分かれることとなった。

暗号技術・認証技術のように，情報のコントロールに強力な権限設定をすることができる技術を，一般の人（テロリストや反社会的集団などを含む）が利用できてよいのかどうかという，科学技術に関する倫理観の問題もまた，この事件によって明らかに議論されるようになった。

5.4 DNA データベースを利用した犯人特定

アメリカでは，アメリカは移民由来の人が多く，「自分のルーツを知

りたい」「自分の遠縁の親戚を知りたい」という人に対して，遺伝情報（**DNA**）を提供してもらって，すでに登録済の人との類似度を利用してルーツを求める **GEDmatch** というデータベースサイトがある。

　系譜学者であるシーシー・ムーアは，生き別れになった家族をGEDmatch を利用して探すアドバイスをしていた。

　彼女の元に，犯人が25年間見つからなかった殺人事件の被害者の遺族と警察から，犯人が現場に遺留した DNA のデータが届いた。彼女は，犯人の遠縁の親戚と思われる数名をデータベースから探し出した。警察は，その数名の住所・氏名・住民登録データなどから，わずか2日間で犯人を特定し，犯人逮捕に至った。その後，同じ手法を用いた別の事件では，真犯人が特定され，冤罪によって服役していた人が解放された。

　この出来事がテレビニュースやネットメディアで報道されてから，GEDmatch を利用して，行方不明になった知人・親戚を探したいという依頼が殺到し，いくつもの事件が解決した。だが，しばらくして，GEDmatch の運営者は，「これは，元々の DNA データの利用目的とは異なる」と判断し，DNA データの当事者が許可した場合を除き，警察からのデータ照合を認めないという決定を行った。

　これは，日本で言えば個人情報の目的外利用に該当するが，一方で，未解決事件の真犯人を見つけ出すことにも利用できた。つまり，「正確な犯人特定のためには，違法行為を行ってよいか」という問題である。この状況に対する私たちの正解は存在しない。

5.5　ハクティビズム

　ハクティビズムとは，ハッキング行為によって社会を変えようという考え方や，その運動を指す。ここでいうハッキング行為には，本来の意味でのハッキング，すなわち，複雑な対象を分析して詳細に調べ上げる

行為も含まれるが，通常は，ハッキングによって得た情報を悪質な行為に利用することを意味することが多い。

★アノニマス型

　例えば，残忍な戦争を仕掛けている国や，非人道的に利益を搾取している企業の情報システムに入り込み，そのシステムのデータを削除したり，そのシステムがコントロールしている社会インフラの動作を止めたり，制御不能にしたり，設定値を変更して火災を起こしたり，爆発をさせたりする。

　アノニマス型攻撃を行うものは，自らは「善」だと考えて，「悪」を倒す正義の味方を演じていると思われるが，それが正しい社会正義につながるかどうかは，簡単に判断できることではない。

　社会・文化によって倫理的原則は異なる。ある国，ある文化では容認されないことが，他の国や文化では容認されることもある。従って，簡単に結論を得ることができない。また，アノニマス型攻撃では，直接，人命を危険に晒すこともあり，その点では，一種の戦争行為として考えるべき問題である。

★ウィキリークス型

　例えば，「A国の大統領が，B国の首相の電話を盗聴している」ということがA国の情報システムのハッキングでわかった，とする。このときそれを公開することで社会変革を促そうという考え方である。攻撃対象となるのは，多くの場合，不法行為を行っている者や，不誠実な行為を行っている者となることが多いが，誤って攻撃してしまう場合もある。

　ウィキリークス型で攻撃が発生すると，ハクティビズム攻撃を行った者だけでなく，被害は関係者全体に及ぶ。先ほどの例ではA国とB国の

指導者同士で不信感が高まる。

　報道機関が行っている秘密調査の結果報道に似ているが，このような活動は，より多くの「信用できる利害関係者」を伴うべきであり，個人や少数の犯罪者グループによる判断で行うものではない。

★デマと見抜けない正義感

　事件の犯罪者の個人情報を SNS などを利用して公開されてしまう，という問題がある。

　本当は犯罪者ではないのに，「犯罪者と社長が，同じ名字」「犯罪者の名字の企業名だった」「事件現場を通りかかった人と似ている写真をプロフィール画像に使っていた」というだけで，氏名，住所，電話番号，勤務先を SNS で公開され，多くの苦情・クレームの攻撃に遭う，という事例も見られる。

　犯罪者であるかどうかとは関係なく，法律の範囲で人権は保護される。いずれの場合でも，名誉毀損などで裁判となることがある。

研究課題

1）オープンデータとして公開されているデータについて，教材で取り上げたもの以外に，どのようなものがあるかを調べ，そのデータを利用した分析例を挙げなさい。
2）「ジレンマ」に該当する例を，日常生活や，日々のニュースなどから探し出し，何と何が対立する評価軸になっているのか，判断次第でどのような影響が生じるのかについてまとめなさい。

引用・参考文献

［1］菊池浩明，上原哲太郎：ネットワークセキュリティ，オーム社，IT Text シリーズ，ISBN 978-4-274-21989-4（2017）
［2］佐藤義弘，辰己丈夫，中野由章 監修：キーワードで学ぶ最新情報トピックス 2021，日経 BP，ISBN 978-4-296-07000-8（2021）

11 インターネットでのトラブル

花田経子

《**本章のねらい**》 インターネット上で子どもたちが遭遇しているトラブルの現状を知り，保護者などの身近な大人がそれらの問題にどのように対応しているのかを理解する。子どもたちが多く用いるインターネットやSNSの特徴を理解した上で，どのような使い方がトラブルに発展しているのかを理解する。子どもたちを守り，教育を行うためにどのような環境構成が最適なのかを検討できるようにする。

《**キーワード**》 SNSでのコミュニケーショントラブル，サイバー犯罪，保護者との関係，アカウント

1. トラブルの主な種類と子どもたちの認識

1.1 トラブルの主な種類

　インターネットにおけるトラブルを主に0歳から17歳までの子どもの行動で分類すると，図11-1のようにSNS（ソーシャルネットワーキングサービス）でのコミュニケーショントラブルとサイバー犯罪に結びつ

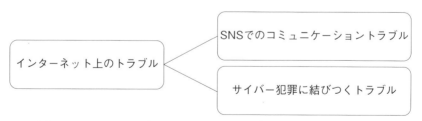

図11-1　インターネットにおけるトラブルの主な分類（子ども）

くトラブルの二つに分類することができる。

　第一のSNSにおけるコミュニケーショントラブルとは，利用者同士が互いにコミュニケーションを行うことで遭遇するトラブルをさしている。投稿された内容について，誤解や行き違いが発生し，人間関係のこじれに繋がるトラブルは非常に多く発生している。また，写真の掲載を許可していないのに掲載されたなどのトラブルもここに該当する。悪口や誹謗中傷などのケースの場合は，相手を傷つける言葉の刃となって，いじめ事案に結びつくことも多い。

　SNSは，利用者同士が特定あるいは不特定多数の人々と，投稿内容である情報を交換することで成立している。発信者が投稿した情報の内容を，受信者がどのように受け止めるかは受信者自身の判断に委ねられている。そのため，発信者の意図を受信者に正確に伝えていくためには，発信者に対して，**①受信者がどのような人物かを想定し，②受信者が理解できるような伝え方を用いていく**必要が発生する。対面でのコミュニケーションでは，非言語情報（例えば，相手の雰囲気やにおいなど）が自動的に付加される。一方，SNSでのコミュニケーションでは，対面の時のような非言語情報が自動的に付加されることはない。そのため，コミュニケーションの難易度が上昇し，トラブルが発生しやすい環境になる。加えて，身体・精神の発達途中にある子どもたちは，自分自身及び他者の情報を大人のように上手にコントロールしながら発信できない。それゆえ，SNSにおける子どものコミュニケーションは，トラブルを招きやすい。

　第二のサイバー犯罪に結びつくトラブルとは，サイバー犯罪として取り上げられる違法行為・触法行為や，法律には違反しないもののサービス提供者側から禁止されている行為などが挙げられる。具体的には，児童に対する性犯罪・性虐待被害やそれに準ずる行為，消費者トラブル，

詐欺行為，不正アクセス事案や刑法：情報関連犯罪，ゲームなどのチートや**RMT**（リアルマネートレーディング，Real Money Trading）等の迷惑行為，著作権などの知的財産権侵害などである。根拠法が複数あることに加え，現在の法規制の中ではグレーゾーンに該当するものも多く，わかりにくい現状がある。

　子どもの犯罪行為は年々減っている中で，サイバー犯罪自体は毎年増えていく傾向にある。子どもたちはすべての犯罪行為において，被害に遭う被害者となるだけではなく，加害行為を行う加害者となるケースもある。これまでの情報倫理教育においては，子どもたちは被害者であり，加害者から子どもたちを守ることが目的であるとされることが多かった。しかしながら，子どもたちによる加害行為はサイバー犯罪でも多く発生しているため，加害行為を未然に防止することも情報倫理教育の重要な目的となってきている。

1.2　トラブルに対する子どもたちの認識

　インターネットでのトラブルについて，当の子どもたち自身はどのように把握しているのかを示したものが，図11-2である。このデータは，2019年6月に愛知県内の二つの学校（中高一貫校）においてアンケート調査を行った結果を示したものである（N＝330，質問紙による調査）。「SNSでトラブルにあった経験がある」と答えたのは，全体の10％であった。その「ある」と答えた生徒に対し，トラブルの事例を挙げさせたものをまとめたものが，表11-1である。表11-1で示したトラブルのうち，［a］書き込んだ内容について発生したトラブルの［1］～［3］の3項目と，［b］インターネット上での嫌がらせの［4］質問専用アプリに，誹謗中傷コメントを書き込まれた，については，図11-1のSNSにおけるコミュニケーショントラブルに該当する。［b］インター

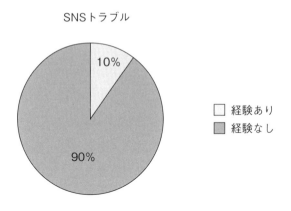

図11‐2　SNS でトラブルにあった経験

ネット上での嫌がらせの［１］～［３］と［d］ワンクリック詐欺,［e］マルウェア被害はサイバー犯罪に結びつくトラブルとして分類できる。なお,［c］機械的な故障と［f］ネットワークに繋がらないは,もっとも件数が多かったがいずれも背景が物理的な理由に基づくものであり,インターネットのトラブルとして類型化することは難しいので割愛する。

　図11‐2及び表11‐1からわかるとおり,子どもたちの中でトラブルに遭遇したと自覚できているケースは少なく,特にサイバー犯罪に関するトラブルは多いとは言えない。インターネットの利用度合いにもよるものの,多くの子どもたちが日常的にトラブルに遭遇しているわけではなく,たまたま使っていてふとしたことで使い勝手が悪い状況に出くわした時に,トラブルにあったと自覚する程度である。

　一方で,警察庁が公表した[1]児童の性犯罪被害実態（図11‐3）のうち,SNS を通じて被害にあった児童の数は,平成23年から比較すると令和１年では約２倍近くにまで上昇している。性犯罪被害は,仮にその

表11-1　子どもたちが自覚している主なトラブル例

主な分類	具体的なトラブルの内容
［a］書き込んだ内容について発生したトラブル	［1］裏アカウントでの愚痴を友人に見られて誤解された（複数）
	［2］メッセージアプリで連絡を行った際に，双方の伝え方が悪く連絡がうまく伝わらなかった。その後，その友人との人間関係がうまく構築できなくなった。
	［3］悪口を書き込まれて傷ついた（複数）
［b］インターネット上での嫌がらせ	［1］不要な画像・動画を一方的に送り付けられた（複数）
	［2］性的な画像・動画を一方的に送り付けられた（複数）
	［3］性的な画像・動画を送るように要求された（未送信）
	［4］質問専用アプリに，誹謗中傷コメントを書き込まれた
［c］機械的な故障	［1］スマートフォンの画面が割れた（複数）
［d］ワンクリック詐欺	［1］アダルト動画を見ていたらワンクリック詐欺に遭遇した（未遂）
	［2］ゲームに関する情報を見ていたらワンクリック詐欺に遭遇した（未遂，複数）
［e］マルウェア被害	［1］ウィルスに遭遇した（詳細不明）
［f］ネットワークに繋がらない	［1］Wi-Fiが繋がらない・低速になる（複数）

　被害にあった場合において，他者にその被害を打ち明けることには様々な困難を伴う。そのため，実際に犯罪に遭遇したとしても，質問紙調査に記載しにくいと言える。

　図11-4は，児童ポルノの製造において，どのような理由でその児童ポルノが製造されたのかを示したものである。全体の3割から4割を児童が自らを撮影した画像に伴う被害が占めている。これは一般的に「自

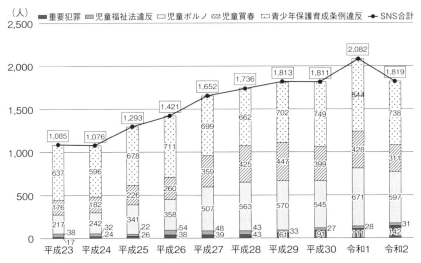

図11-3　SNS上で性犯罪関連被害にあった児童の数（警察庁公表）

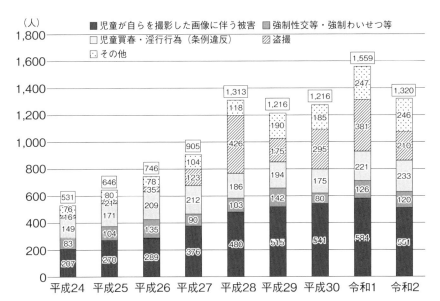

図11-4　児童ポルノ事犯における被害のうち製造手法別分類

画撮り送信」と呼ばれており，加害者が被害者である子どもに対して，性的な画像や裸もしくは下着姿の画像・映像を撮影させ，それを送信させるというものである。加害者側は言葉巧みに子どもたちに接触し，これらの画像を送信させようと仕向けることが多い。例えば，子どもと同年代の女子児童を装って子どもに接触し，身体のコンプレックスを相談するような雰囲気を形成した上で，互いの画像を交換しようと持ちかけ送信させる。また，SNSのスタンプやゲームのポイントをあげることと引き換えに送信させるケースもある。さらに，自画撮り送信の場合は，性的被害を受けた被害者である子ども自身が，児童ポルノの製造に関わったことになるため，児童ポルノ法上の製造罪に抵触することもある。自分自身が画像や映像を送信しなければ被害に遭うことはなかったという後悔や，周りの保護者・友人などからの目を気にして，被害に遭ったとしても被害を申告できないことも多く，トラブルのデータとして認識されにくい傾向がある。

　性犯罪被害については，その被害に遭う子どもたちの多くが「トリガーとなる行動」を行っている。例えば，パパ活などのような不特定多数の人物と金銭をもらうことを条件に会う行動や，インターネット上でしか交流のなかった人物と恋愛関係になりデートのために直接会う行動，年齢を詐称してマッチングアプリに登録し相手と直接会う行動などである。このような「トリガーとなる行動」は，性犯罪加害者側につけいる隙を与えるだけではなく，世論が被害者である子どもたちに対して，その行動は自業自得な行為で子どもたちは被害者とは言えないなどと批判する動きもある。その結果，被害にあった子どもたちの詳細な実態が明らかにならず，被害を予防するための対策が実施できにくい環境が醸成されてしまっている。また，被害者自身が自分の問題を解決するための十分な援助を得られにくくなり，その後の子どもたちの人生に悪影響

を及ぼす状況が発生している。

　以上のように，子どもたちにおけるインターネットトラブルは自分自身で自覚できているトラブルとしては深刻なものは多くないものの，公表できていない隠されたトラブルが存在し，その隠されたトラブルによる被害がとても大きい状況であることを認識すべきである。

1.3　大人への相談を戸惑う子どもたちの現状

　インターネットでのトラブルに子どもたちが遭遇した際に，子どもたち自身で解決できるものは多くない。したがって，次章で触れる「情報モラル教育」の課程においては，トラブルに遭遇した際の子どもたちに対して，「保護者や身近な大人に相談」しなさいと指導することが多い。

　では，実際に子どもたちは誰にトラブルを相談しようと考えているのか，それを示したデータが図11‐5，11‐6である。図11‐5及び図11‐6は，図11‐2と同様に，愛知県内の二つの学校（中高一貫校）に対して質問紙調査を行った結果（N＝330）である。

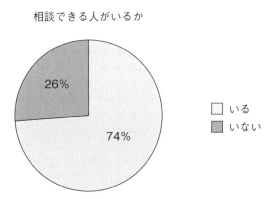

図11‐5　トラブルの際に相談できる人がいるか

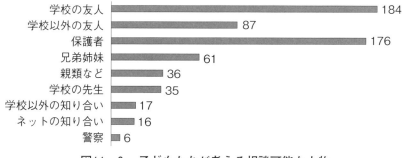

図11-6　子どもたちが考える相談可能な人物

　図11-5では，「相談できる人，相談できそうな人はいますか？」と聞いている。「いる」と答えたのが全体の74%，「いない」と答えたのが26%である。次に，図11-5で「いる」と答えた回答者に「相談する場合には，誰にしたいですか？」と複数回答で聞いた結果が，図11-6である。最も多かったのが「学校の友達（184件）」，次に多かったのが「保護者（176件）」であり，全体の半数以上が学校の友達や保護者に相談したいと考えていることがわかった。また，この双方にチェックを入れていた回答も多く，自分自身にとって身近な友人や家族にまず相談することを前提として日常生活を過ごしていることがわかる。

　この情報を元に，2019年7月に愛知県内の2箇所の高等学校において，県内の高等学校10校の生徒約90名にワークショップ形式にて，自分たちのSNSトラブルをどのように相談すべきかの会議を行った（『未来をつくるユース会議2019』）。その際に，子どもたちの多くから，大人に相談することについて，実際にはとても躊躇することが多いという意見が数多く出された。次に示すのは，これらの中での多数意見である。

【子どもたちが大人に相談することを躊躇する理由（多数意見）】

- 保護者や先生は自分たちより SNS の知識が乏しい
- 保護者や先生は自分たちより詳しくないので説明がとても面倒である
- 相談をすると保護者に迷惑がかかるのでしづらい
- 相談しようとしても話を聞いてくれない，頭ごなしに叱られる
- 相談しようとすると，使っていることを注意されるのでしづらい
- 普段からあまり話をしないのでどのように相談したらよいかわからない

この会議では，子どもたち自身にどのような形で大人に対して相談をしていけばいいのかも考えてもらう取り組みを行っている。会議を通じて，子どもたちが大人に対してどのような信頼感と期待を寄せているのかが明らかとなった。子どもたちは，大人に対して普段はあまり過干渉であってほしくはないものの，いざという時には相談できる・頼ることのできる頼もしい存在であってほしいと考えている。一番身近な大人である保護者や学校の教員と普段からコミュニケーションを取り，SNS以外のことについても気楽に相談に応じる人間関係が醸成されているのであれば，インターネット上のトラブルについてもまずその大人に相談することが可能である。子どもたちは，そのような大人との最適な関係性を持つことを期待している。

　一方，子どもと保護者の間に何らかの問題があってそのようなコミュニケーション関係が成立していない場合は，子どもたちは自分たちの問題を解決するためにも「相談しやすい大人」を探すことになる。相談しやすい大人として，子どもたちは時折「インターネット上で知り合いになった大人」に相談することもある。図11 - 6の結果でも，「ネットの

知り合い」に相談する子どもが16名存在していた。子どもたちの中では，インターネットで知り合いになった大人に相談することは，自分の問題を解決するための選択肢のうちの一つとして身近になっていることがわかる。相談相手として「インターネット上で知り合いになった大人」をあげる子どもたちにとっては，「直接知り合った人物」と「ネット上でのみ知り合った人物」に大きな差は存在していない。これまでの情報倫理教育では，ネット上の人物にはどんな人物が含まれているのか全くわからないことから，大多数が悪い人で構成されている可能性のある「ネット上でのみ知り合った人物」と接触することは間違った行為である，と指導していた。しかし，子どもたち自身がリアルな関係であるはずの保護者などに相談しにくい環境を抱えていると，「ネット上でのみ知り合った人物」からのアドバイスの方が有益であり，信頼度合いが増すこととなる。特に思春期は，子ども自身が親離れを模索する時期でもある。保護者との親子関係が何らかの事情により適切に構築できていない場合は，「ネット上でのみ知り合った人物」からの影響力が増す。その人物が子どもたちにとって問題のない人物であればよいものの，まれに性犯罪加害者が含まれるケースもある。結果として，性犯罪被害やその他の加害行為を受ける被害も発生している。

　したがって，インターネットトラブルから子どもたちを守るためには，子どもたちとの日頃のコミュニケーションを密にして信頼関係を構築しておくこと，保護者や教員などの身近な大人が適切な知識を有しておき，子どもたちからいざと言う時の相談相手として認識されるように努めることが不可欠である。

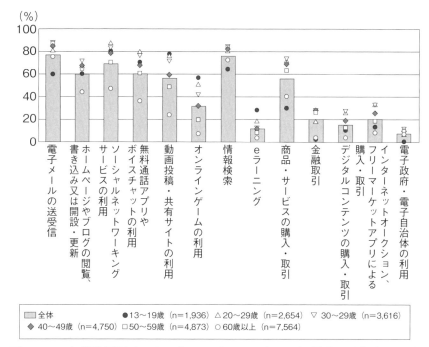

図11-7　年齢階層別インターネット利用の目的・用途（複数回答）（2019年）

2. SNSにおけるコミュニケーショントラブル

2.1　子どもたちによるインターネットとSNSの利用実態

　SNSにおけるコミュニケーショントラブルについて考える前に，まずは子どもたちを含めたSNSがどのような形で利用されているのかを見ていくことにしよう。最初は，総務省が毎年公表している『情報通信白書』[2]（令和2年度版）に掲載されている情報から，図11-7及び図11-8を示す。2019年時点での日本国内における個人のインターネット普及率は，89.8％であり，都市部・山間部はもちろんのこと，最も普及

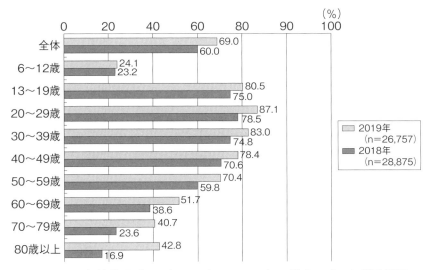

図11 - 8　年齢階層別ソーシャルネットワーキングサービスの利用状況

率の低い80歳代でも50％を超えるなど，国内の大多数の個人が利用する基本的なインフラと位置づけられている。

　図11 - 7では，年齢階層ごとにインターネット利用の目的・用途を分類したものである。13歳〜19歳が本章で取り上げる子どもたちとほぼ同じである。このグラフからは，全体の利用目的・用途と，子ども達の利用目的・用途にはかなり大きな差があることがわかる。他の世代では高い比率を占める「電子メールの送受信」や「情報検索」，「商品・サービスの購入・取引」は高くない。また，子どもたちは金銭を必要とする各種サービスの利用や電子政府などは，お金を持っておらず利用する可能性もないので低い結果となっている。さらに，「ホームページ閲覧等」についても他の世代と比較すると利用率が低い。一方，「オンラインゲームの利用」と「eラーニング」は他の世代を抜いて最も高く，子どもた

ちのインターネット利用の主要要因であるといえる。新型コロナウィルス感染症のまん延により学校の臨時休校や遠隔授業などが展開されることが増えているため，この二点はさらに利用率が上がることが見込まれる。SNS に関連した項目である「ソーシャルネットワーキングサービスの利用」，「無料通話アプリやボイスチャットの利用」，「動画投稿・共有サイトの利用」についても，子ども世代の利用率は高い。子どもたちの多くは，SNS に関連した多くのサービスを中心に動画を視聴したり，動画共有・ボイスチャットを楽しみ，オンラインゲームをプレイし，e ラーニングで学ぶという生活を過ごしている。生活の中で SNS が定着し，それを基盤とした環境で過ごしている様子がうかがえる。

　図11-8は，年齢別のソーシャルネットワーキングサービスの利用状況を2018年と2019年で比較したものである。本章でとりあげている子どもに該当するのは，「6〜12歳」と「13〜19歳」である。13〜19歳の年齢層は他の年齢層とほぼ変わらない高い利用状況となっている。一方，6〜12歳の小学校児童については24％と低い。これは，多くの SNS が子どもの利用年齢を13歳以上と設定している結果である。

　次に，代表的な SNS と主な特徴，子どもたちの利用率について示したものが表11-2である。SNS はソーシャルネットワーキングサービスの頭文字をとったものであることからもわかるように，そのサービスの利用者同士でコミュニケーションを行うためのコミュニティを形成することができるようになっている。投稿内容は，文字・音声・画像・動画などで構成されており，作成された文章や撮影された画像・動画を掲載するものから，テレビやラジオなどの生放送のようなものまで多岐にわたっている。操作についてはパソコンのみで展開されているサービスはほとんど存在せず，パソコンとスマートフォンの両方のアプリで利用できるものや，スマートフォンのアプリでしか利用できないものもある。

表11-2　代表的な SNS とその主な分類

主な分類	代表的な サービスの名称	投稿内容の主な特徴	子どもたちの 利用率
短文投稿型	Twitter	140文字を中心とした文章・4枚 までの画像・短時間の動画・音声 など	高い
画像・動画 投稿型	Instagram	画像・短時間の動画など	高い
	TikTok	短時間の動画など	高い
	pixiv	自作画像・漫画・小説など	普通
	ニコニコ動画	長時間の視聴用動画	普通
	YouTube		高い
複合型	Facebook	文字投稿・画像投稿・動画投稿な ど	大変低い
メッセージ 交換型	LINE	個別メッセージ交換，グループ間 メッセージ交換，音声通話など	高い
	カカオトーク		低い
生動画 配信型	ツイキャス	テレビの生放送のように動画を生 で配信する	普通
	ニコニコ生放送		普通
音声配信型	Clubhouse	ラジオのように音声を生配信する	大変低い
ボイス チャット型	Discord	一人～複数人で音声通話をする	普通
	パラレル		普通

　子どもたちの利用率の高いサービスの多くは，画像や動画・音声を中心としたサービスが多く，子どもたちはこれらのサービスを目的に応じて使い分けながら生活をしている。また，一つのサービスを単独で利用するのではなく，複数のサービスを同時に使うような使い方も多い。例えば，YouTube などで動画を視聴しながらその感想を Twitter や Instagram に投稿をしたり，Discord でボイスチャットをしながらオン

ラインゲームを楽しんでいる様子をツイキャスで生配信するなどである。

　子どもたちのSNS利用率において特徴的なのが，大人がビジネスや自己啓発などで利用しているサービスはあまり利用したがらないという点である。例えば，Facebookは大人の利用率と子どもの利用率は大きく異なる。2020年に登場したClubhouseも，子どもたちにはほとんど利用されていない。一方，LINEは子どもたちも大人も利用率が非常に高い。子どもたちにとっては，LINEは保護者など直接のつながりのある人たちと連絡を取るための連絡手段であり，電話や電子メールのようなものとほとんど変わらない存在である。また，Twitterは幅広い世代に利用されているが，子どもたちからすると複数のアカウントを作成できることから，必要な情報を得るために使い分けをすることのできるサービスとして人気がある。

　同じSNSサービスを利用していても子どもたちと大人では使い方が異なるケースもある。例えばInstagramは，画像を中心としたサービスであり手軽に楽しめることから大人にも子どもにも人気がある。大人の多くは，画像を普通の投稿欄に投稿することが多い。一方，子どもたちは，Instagramに付随した「ストーリー」と呼ばれる24時間で削除される投稿エリアを中心に日々の日常での一コマを掲載する形で利用している。子どもたちからは，自分と仲のよい仲間だけで情報交換のできる気楽な掲載スペースとして人気がある一方，ストーリーに掲載した情報が他のSNSに転載されて炎上するというトラブルも多い。例えば，アルバイト先の回転寿司店で販売用の魚でふざけている動画が，ストーリーからTwitterに転載されて炎上したケースである。このケースでは，動画を撮影してストーリーに投稿した投稿者A（アルバイト店員）と動画に映っていたアルバイト店員Bだけではなく，Aのストーリー投

稿動画を Twitter に転載した別の元アルバイト店員Cも書類送検されている。

2.2　子どもたちによる複数アカウントの利用実態

SNS は，利用の際にアカウントと呼ばれる利用権限を得る必要がある。一般的には，まず利用の際に必要な情報を登録した上で，アカウントを発行し，その発行されたアカウントをパスワードと共に利用者自身が管理する形式で使われている。アカウントは，1ユーザーが1つしか作成できないサービスもあれば，1ユーザーが複数のアカウントを作成できる場合もある。Twitter は複数アカウントを作成できることから，アカウントを使い分けて利用できるため子どもに人気がある。子どもたちの多くは，自分の利用目的に応じて様々なアカウントを作成し，使い分けることが多い。筆者が勤務している岡崎女子大学の学生154名に対して2020年6月に実施したアンケートでは，アカウントを複数個所有している学生は全体の52％であり，アカウント所有個数の最頻値は3であった。また，一度作成したアカウントはずっと使い続けるものではなく，利用目的が失われた場合には使わなくなることも多い。しかし，39％の学生が使わなくなったアカウントを削除することなく，放置したままにしていると回答している。アカウントを削除しない理由として最も多かったのが，アカウント管理に必要なパスワードを忘れてしまったというものである。これまでの情報倫理教育では，SNS のアカウント管理やパスワードの構造について十分な理解を図る指導が行われていない。それゆえ，SNS のアカウントの概念が理解できていない子どもも多く，SNS アプリとアカウントは同一のものであると認識している子どもたちもいる。そのような子どもたちは，スマートフォンの機種変更などでアプリを再インストールすると，それで前のアカウントは自動的

に削除されたと誤った認識を持つ。以上のような子どもたちにおけるアカウントやパスワード管理における知識不足は，後述するトラブルにも影響している。

　アカウントのことを，子どもたちは「垢^{あか}」と表記している。Twitterなどでは複数アカウントを利用するため，アカウントの利用者名やプロフィール欄に「〜〜垢」と表示をすることで，その利用目的を内外に明示している。また，多くのSNSでは，アカウントの機能に表示制限をつけることができる。この表示制限とは，そのアカウントの投稿内容を承認した限られたユーザーにのみ公開することができる仕組みである。鍵のかかっている部屋に掲示されている掲示物に近いため，このようなアカウントを「鍵垢」と呼んで区別している。自分の利用しているアカウントを鍵垢にするか否かは，利用者である子ども自身が選択をしている。鍵垢は，不用意に自分が知らない他者からコメントを返されることが少ないため，子どもたちは鍵垢を素直な情報を投稿するために用いることが多い。

　表11-3は，通常の利用が中心であり問題行動の少ないアカウントの種類を示したものである。この［S-1］から［S-6］のアカウント群は，子どもたちだけではなく広く一般に利用されており，子どもたちが自らこれらのアカウントを用いて問題行動をすることはほとんどない。しかし，トラブルが全くないというわけではない。

　一方，表11-4は，後述するコミュニケーショントラブルやサイバー犯罪につながるトラブルに直結する内容が中心である。その中でも，［O-1］のアカウントを利用した援助交際やパパ活などの行為は，性的被害を受ける危険性が高くなるため，各都道府県警察がこれらのアカウントに対して「サイバーパトロール」や「サイバー補導」などを実施している。Twitterをはじめ，ほとんどのSNSは児童の性的被害・性的

表11-3　子どもたちが利用する SNS のアカウント分類：①通常の利用形態

アカウントの通称	内容
［S-1］通常垢・リア垢・本垢	最も一般的なアカウントであり，外向けの内容として用いる。実名やニックネーム，学校名（略称），性別，学年，趣味などをプロフィール欄に記載する。学校行事や友達との出来事などを広く浅く投稿する。
［S-2］裏垢・限定垢	限られた人とだけコミュニケーションをするために用いる。「鍵垢」の状態にして利用することも多い。本音を吐露するなど，不特定多数の人に見られたくない内容を投稿するために用いられる。
［S-3］趣味垢・絵描き垢・実況垢・ゲーム垢・オタ活垢など	趣味の投稿をするために用いるアカウント。共通の趣味を持つ友人とやりとりするために，「# 歌い手さんと繋がりたい」などのハッシュタグを用いて投稿を行い，ハッシュタグで検索をして共通の趣味などを持つ人物とつながり，互いの情報を交換し合うことが多い。趣味の名称に応じて「絵描き垢」，「実況垢」，「ゲーム垢」などと表現する。
［S-4］勉強垢	勉強の記録や質問などに用いるアカウント。日記のように受験に対する気持ちを書いたり，勉強記録のように取り組んだ内容を記載したり，わからない問題を教えてもらうために用いる。
［S-5］取引垢	所有しているグッズなどを有償・無償で交換する目的で用いるアカウント。利用方法によってはトラブルになるケースもある。
［S-6］共同垢・カップル垢	友人同士・恋人同士など複数の人物間で日常の出来事や恋愛の様子などを投稿し，公開する目的で用いるアカウント。互いにパスワードを共有して一つのアカウントを使う。カップル垢の場合は，恋人関係が解消されると「別れました」と表記してそのアカウントは放棄されるものの，削除されないことが多い。

表11−4　子どもたちが利用する SNS のアカウント分類：②問題行動に結びつく利用形態

アカウントの通称	内容
［O-1］エロ垢・裏垢・P垢・円光垢・神待ち垢	援助交際・パパ活（P活）・ママ活（M活）などを目的として相手からのアプローチを待ったり，アプローチのあった相手とやりとりをするために設けられるアカウント。性的に卑猥な画像・動画などを掲載することも多い。「#裏垢女子」などのハッシュタグや LINE の ID 用 QR コードを掲載して相手からの連絡をもらいやすくしたりする。また，家出希望者が「#神待ち」などと記入して，宿泊先を確保しようとする。性被害に直結しやすく大変危険である。
［O-2］売り子垢・売り子JK垢	自分自身の所有している物品（上履き，制服，体操着，下着，使用済み下着など）を販売する目的で設けられるアカウント。「#売り子JK」，「#下着売ります」などと組み合わせて用いる。部活動の先輩後輩間で気楽に推奨し合うことも多く，［O-1］などの問題行動に移行しやすい。
［O-3］病み垢・裏垢	精神的に辛い状況や強い不安を抱えている場合に，その心情を吐露し誰かに聞いてもらったり，他者とのつながりを求めたりする目的で設けられるアカウント。「#病み垢さんと繋がりたい」「#自殺希望」などのハッシュタグをつけた投稿が座間事件につながったこともあり，問題視されている。薬物の大量服薬（オーバードーズ）を連想させる画像やリストカットの様子，飛び降り自殺の中継などをすることもある。最近は投稿情報が自動的に表示されなくなったり，カウンセリング情報が代わりに表示されたりするようになった。
［O-4］捨て垢・晒し垢	一時的な利用を目的として設けられるアカウント。当初の目的を達成すると利用を停止するため，誹謗中傷などの行為や，何かのトラブルを見つけた時にその行為を広く共有する（晒し行為）ために用いられることも多い。いじめ問題などで加害者の顔写真を晒し，私的な社会的制裁を加える場合にも用いられる。また，薬物取引や闇バイト，児童ポルノの販売などの違法行為を実施したり，顧客等を勧誘する目的でも設置されることが多い。違法行為の場合は，通報してアカウントを凍結（利用不可能状態にすること）が可能である。

搾取のための投稿を禁止している。そのため，このようなアカウントについては通報機能を用いて利用できなくなる措置（アカウント凍結）を実施することが可能である。

　［O-3］の座間事件とは，2017年10月に発覚した「座間9人殺害事件」と呼ばれている猟奇的な殺人・死体損壊・死体遺棄事件である。事件を起こした人物は，Twitter にて「首吊り士」を名乗るアカウントを開設して病み垢の投稿内容を検索し，女性を中心に連絡を取った上で誘い出し，殺害を行った。なお，本件は2021年1月に死刑判決が確定している。

　［O-4］の捨て垢は，内部告発やいじめ加害者に対する私的制裁などでも用いられることがある。また，誹謗中傷行為のために使われることもある。薬物取引・児童ポルノ販売・闇バイト勧誘などの犯罪行為においても，捨て垢利用が一般的である。特に，薬物取引や児童ポルノ販売，闇バイト勧誘では，通報によるアカウント凍結が行われても，すぐに別のアカウントを生成して違法行為が行われてしまう現状にある。

　以上のように，自分自身の達成したい目的を遂行するために SNS を上手に使い分けるアカウントの使い方が子どもたちの中でも一般的である一方で，表11-4のような問題のあるアカウントを利用したトラブルも増えているのが実態である。

2.3　SNS におけるコミュニケーショントラブルの実態

　SNS におけるコミュニケーショントラブルは，表11-1の［a］書き込んだ内容について発生したトラブル及び［b-4］の内容が中心である。これらのトラブルを分類したものが表11-5である。

［1］投稿内容の誤解・勘違い

　メッセージアプリなどで発生しやすいトラブルで最も発生頻度が高

表11-5　SNSにおけるコミュニケーショントラブルの類型

トラブルの主な内容	影響
［1］投稿内容の誤解・勘違い	仲間はずれ，いじめ
［2］裏垢・趣味垢などの無断公開・暴露	いじめ，不正アクセス行為
［3］写真等の無断公開	虐待被害，DV被害，ストーカー被害
［4］誹謗中傷行為（加害者側）	誹謗中傷，脅迫，器物破損
［5］誹謗中傷行為（被害者側）	いじめ，炎上，私的制裁，誹謗中傷，PTSD等
［6］偽情報の投稿	威力業務妨害，脅迫，誹謗中傷
［7］特定の国に対する差別行為	ヘイト行為

く，また年齢に関係なく発生するものである。A子は，友人グループの一人B子宅に遊びに行ったときの様子をメッセージアプリに投稿した。A子は，B子宅がとても素敵であり，楽しい思い出を作ることができたため，素直な気持ちで「B子の家，とてもよくない」と書いた。すると，そのメッセージを読んだB子を含めた友人グループメンバーが，「A子はB子の家について否定的な考えを持っている」と勘違いした。対面でのコミュニケーションであれば，発語のイントネーションやA子から発信される非言語情報から誤解されることは少ない。しかし，非言語情報が付加されにくいメッセージアプリなどでは，誰もがわかる表現で丁寧にコミュニケーションを行わないと，このような誤解が発生しやすい。

　このようなトラブルは，メッセージアプリのグループチャットからA子を排除するような動きにつながることもあり，場合によってはSNSを利用した「いじめ事案」に発展することもある。SNSが普及してきた当初は，このような問題について子どもたち同士の解決ができないこ

とも多かった。現在では，情報モラル教育やいじめ対策のための教育として，主として道徳教科や国語教科，総合的な学習の時間などにて，このトラブルが多く例として取り上げられるようになった。

［2］裏垢・趣味垢などの無断公開・暴露

　子どもたちが表11-3のようなアカウントを大量に生成して使い分けを行うのは，自分自身の情報を不用意に晒したくはないためである。例えば，趣味垢を作成する子どもたちの多くが，趣味については自分の趣味を理解して大切にしてくれる人物（リアル・ネット双方）とだけコミュニケーションできればよく，そうではない人には趣味に関する情報を公開したくないと考えている。自分自身の趣味をすべての人に理解してもらうことは不可能であり，好きな活動はリアルで会っている人物（例えば家族や先生，学校のクラスメイトなど）に知られたくない。したがって，多くの子どもたちはアカウントを使い分けることで，不用意に他者に自分の好きなものをバラされるリスクを低減しようとする。

　しかしながら何らかのトラブルで，リアルな友人たちに裏垢や趣味垢に掲載された内容が漏洩してしまうと，トラブルに発展する。特に，自分自身の気持ちを正直に吐露している裏垢の内容が晒されると，人間関係のもつれにまで発展することがある。

　2017年には，恋人関係にあった男子大学生Xと女子高生Yの間で，Yの裏垢に記載した内容が広まってしまい，そのことを苦にしてYが自殺をしてしまうという痛ましい事件が発生している。XとYは恋愛関係になったときに，互いのSNSアカウントのパスワードを教え合っていた。ある日，XはYのアカウントに，Yの裏垢らしきものの痕跡を発見し，興味本位でその内容を覗いたところ，Xに対する不満やY自身の悩みが投稿されていた。Xは，このYの行為に腹を立て，Yと同級生である自

身の妹ZにYの裏垢の内容を伝える。Xの妹であるZは，Yの裏垢の内容を盗み見てそれをスクリーンショットに撮影し，自分のアカウント上に掲載する嫌がらせ行為を行う（晒し行為）。このZの行為は，後日第三者委員会によってSNSいじめであると認定された。

　恋人関係にある子どもたちの多くは，表11-3のカップル垢でも示したようにパスワードを共有したりすることが広く行われている。恋人関係なら「秘密の情報（パスワード）も互いに共有して，二人の間には隠しごとはないよ」という意思表示でもあり，現代の子どもの恋愛関係に対する行動様式の一つといえる。しかし，ユーザー同士がパスワードを共有化したアカウントを保有したり，自身のパスワードを教え合う行為をすることは，システムの安全性を低減させる行為であるため情報セキュリティ上のリスクを増大させる。XによるYの裏垢閲覧は，不正アクセス行為に抵触する可能性もあり，SNSによるコミュニケーショントラブルがサイバー犯罪につながってしまう恐れもある。また，どのような人物にも「他人に知られたくない自分自身の情報」がある。裏垢や鍵垢を用いて，このような他人に知られたくない自分自身の情報を掲載することはよく行われている。しかしながら，秘密にしているつもりの情報も正規に閲覧できてしまう人が，スクリーンショット機能などを用いて転載してしまうと簡単に漏洩してしまう。したがって，パスワード管理の大切さとともに，どのような情報をSNSに載せるのかを子どもたち自身が丁寧に向き合い，「他人に知られたくない自分自身の情報」については安易にSNSへ投稿しないなど，情報の扱い方についても丁寧に指導していくことが必要である。

［3］　写真等の無断公開

　子どもたちの多くは，友人と楽しい時間を過ごした際にその様子を撮

影して SNS で共有しようとする。その際に，撮影した写真に映り込んでいる人物（友人）に対して，SNS での投稿・共有の承諾を得ることなく投稿している。映り込んでしまった人物が，「今日は髪型が変だからあまり載せてほしくなかった」という程度であれば，互いのコミュニケーション関係が大幅にこじれることは少ない。しかし，写り込んでいる人物が児童虐待や DV などの被害に遭っているケースや，ストーカー被害などを受けている場合は，深刻な被害につながる危険性を持つ。なぜならば，虐待加害者やストーカー加害者は，常に加害を行いたい相手の居場所や様子を伺っているためである。特に，画像情報は映り込む風景などから所在地を特定することにつながりやすい。そのため，本人の承諾なしに公開することは大変危険であるということを，適切に指導することが求められる。これらについては，令和元年度から適用されている小学校・中学校の学習指導要領でも情報モラル教育の例として承諾なく無断で情報を公開しないことがあげられている。

［4］誹謗中傷行為（加害者側）

誹謗中傷行為とは，特定の相手に対して人格を傷つけるような発言や脅しにあたるような発言を行い，その当事者の精神や身体を傷つける行為である。近年急増しているため社会問題となっている。2020年には，女性プロレスラーが誹謗中傷を受けたことが原因で自殺をするという痛ましい出来事も発生した。本件は，女性プロレスラーが出演していたテレビ番組での行動に反感を持った人たちが，Instagram や Twitter などに「ブス」，「死ね」などの人格を傷つける投稿を多数行った。女性プロレスラーの死後，彼女の家族が，それらの投稿を行った人物について，発信者情報開示請求などの必要な手続きを行ったうえで，投稿内容について損害賠償請求を実施している。

　未成年者である子どもたちが加害者側として誹謗中傷を行ったケースとしては，弁護士のK氏に対する執拗な誹謗中傷事案がある。K氏は弁護士業務の一環として，依頼人の投稿内容に対する発信者情報開示請求を実施した際に，その業務内容に対して逆恨みをした人物などから誹謗中傷行為を受けた。その様子は，インターネットの匿名掲示板上で紹介され，それを見ていた別の人物たちから数年間にわたり多くの誹謗中傷行為・脅迫行為・自宅等の器物損壊行為などの被害を受けている。この加害行為者の多くは，冗談半分で悪ふざけであったと供述しており，未成年者も多数含まれていた。また，K氏への誹謗中傷行為をほう助するような個人情報をインターネット上に掲載するなどの行為も未成年者が実施している。誹謗中傷行為については学校教育の中でもしっかりと扱われているものの，一向に減少していない。K氏のケースでは，加害者であった少年たちの多くが「遊び半分だった」等と説明している。簡単な言葉で誹謗中傷はできてしまうけれども，誹謗中傷を受ける被害者側は精神的な苦痛を多く受けることを丁寧に指導していくことが求められる。また，匿名性の高いサービスの中では，加害者側を特定して罪を償わせたり損害賠償請求を実施するのは容易ではない。安易な気持ちで加害行為をしないように丁寧に指導していくことが必要である。

［5］誹謗中傷行為（被害者側）

　子どもたちは，誹謗中傷の被害に遭遇することも多い。SNS に付随したサービスの一つに「匿名質問サービス」（例：質問箱）と呼ばれるものがある。これは，SNS のアカウントの所有者があらかじめ匿名質問サービスアプリを連携しておくと，その所有者に対して匿名の状態で好きな質問をできるというものである。所有者は連携したアカウントから，その質問に対する回答が投稿できるようになっている。子どもたち

は，このようなサービスを使って気楽にコミュニケーションを行おうとするが，このサービスを使って誹謗中傷のコメントを質問として寄せるケースが多発している。匿名質問サービスは，質問された内容の公開／非公開は設置したアカウントの所有者が選択することができる。誹謗中傷の質問は非公開とし，運営側に通報することは可能ではあるものの，警察などに被害を訴えても公開されていない情報であるため捜査されることが少ない。誰が書いたのかもわからず解決しない状態となるため，子どもたちの多くはそのような誹謗中傷のコメントに傷ついてしまう。

　子どもたちが被害者となる誹謗中傷には，子ども自身の問題行動がトリガーとなっているケースもある。前述した回転すし店での悪ふざけ行為をしたアルバイト店員たちは，その行為を見た一部の SNS ユーザーから，氏名・顔写真・SNS アカウントなどの個人に関する属性情報を SNS 上に掲載されてしまうという被害を受けた。子どもたちの悪ふざけ行為は問題行動であるものの，それは被害を受けた回転すし店からの法的処置，所属する学校・保護者などからの適切な教育的指導を受ければ済む話である。しかし，一部の SNS ユーザーの中には「悪いことをした人物は社会的な制裁を受けるべき」，「問題行動のトリガーを引いた人物には何をしてもよい」という大変に一方的で自分勝手な正義感を持つものがいる。このような人物たちによって，本来の法的な対応・教育的指導の枠組みを外れ，過激な SNS ユーザーによる私的制裁が実施されていることは，由々しき問題である。精神・身体の発達過程にある子どもたちの問題行動は，法的な問題の整理を行ったうえで，可能であれば適切な教育機関の中で丁寧に十分な指導を行うことが望ましい。しかし，実際には私的制裁ともいえるような誹謗中傷行為を受けて炎上し，落ち着いた対応ができない状況になる。トラブルのトリガーとなる行動をした子どもたちにとって，このような状況は子どもたち自身の精神状

態を不安定にさせ，丁寧かつ十分な指導のもとに問題行動を反省してい
く重要な再教育機会を失ってしまう。

［6］ 偽情報の投稿

　子どもたちは，SNS での投稿する情報の真偽を精査することが少な
い。投稿されている偽情報を信じて拡散させたり，その情報を信じて誹
謗中傷に加担することもある。例えば，新型コロナウィルスに関するワ
クチン接種については，様々なデマが登場している。また，テレビ報道
されるような大きな事件などが発生すると，その人物本人や家族とは全
く関係のない人物について，「Ｓは～～の事件を起こしたＴの親だ」な
どの偽の情報が流される。このような情報を信じてＳに対する誹謗中傷
を行うことも発生している。2017年に発生した東名高速道路でのあおり
運転による夫婦死亡事故では，危険運転致傷罪にて逮捕された人物Ｔに
ついての本名が公表されると，Ｔと同じ苗字で住所も近いＳ氏について，
「ＳはＴの親で，Ｓが経営しているSSS社はＴの勤め先である」という
ような根も葉もない嘘の情報（デマ）が SNS 上で流れた。Ｓ氏はこの
デマ情報により，それを信じた人による抗議の電話や嫌がらせ行為に悩
まされた。Ｓ氏はその後警察に被害届を提出し，警察はデマ情報を大量
に投稿した複数人を逮捕・起訴している。逮捕・起訴された人物の未成
年者数は不明ではあるものの，この情報の真偽を調べずリツイートや
シェアなどで拡散した未成年者は成年者と同じく存在している。

　未成年者の中で，偽情報を積極的に流した事例としては，2018年ぐら
いから各所で発生した「偽爆弾通報」がある。大学などの教育機関や公
共施設などに爆弾を仕掛けたなどのような偽の情報を行い，施設の休業
や設備点検，警察などによる見回りなどの迷惑行為を行った。威力業務
妨害罪として捜査され，若年層の逮捕者も出ている。これらの偽爆弾通

報については，上述の誹謗中傷被害にあったＫ氏の名前を名乗って実施するなどの行為も多発しており，Ｋ氏に対する迷惑行為としての側面もある。

［7］　特定の国に対する差別行為

　子どもたちは表11-3の［S-3］趣味垢を用いて多様な趣味を楽しんでいる。その中には，日本人以外のアーティストグループに対するファン活動を行っているものも多い。特に，K-POPと呼ばれる韓国人アーティストグループのファン活動は中高生から大人まで幅広い世代に広がっており，SNSを通じてファン同士が交流するなど活発な動きがある。

　2018年にK-POPアーティストグループの一つでとても人気のあるBTS（防弾少年団）のメンバーの一人が，来日の際に原爆に関するTシャツを着用していたことで，日本のテレビ番組への出演が取りやめになるということがあった（BTS原爆Tシャツ事件）。この事件の後から，Twitterのハッシュタグを用いて「#outBTS」や「#outARMY」（ARMYはBTSのファンを指す用語）などのような投稿がなされるようになった。ハッシュタグの前半に #out と表記しグループ名を排除したいというような意味合いを投稿に含めることから，これらのタグは「アウトタグ」と呼ばれている。アウトタグが登場した当初は，「#BTSの〜〜（番組名）への出演に反対します」などの日本のテレビ番組への出演拒否感情などを表明する内容の投稿が中心であった。しかし，国内に出てきた韓国に対する排斥感情（嫌韓）やヘイト感情などと相まったことで，アーティストに対する人格攻撃や誹謗中傷，K-POPファンの日本人に対する人格攻撃や誹謗中傷などが含まれるようになった。一方，これらのアウトタグを趣味垢の中で目にするファンの子どもたちは，このアウ

トタグを利用してアーティストの活動を擁護するような投稿を行っている。SNSで誹謗中傷行為を行う人たちは，その投稿内容に反論してくる人物を見つけると，さらに過激さを増した発言でもって攻撃をしてくることが多い。そのため，アウトタグを介して差別発言をする側と，それを擁護する側で口論が行われてしまうという状況が発生している。現在は，一時期よりは数は減少しているものの，K-POPアーティストや韓国人がプロデュースした日本人グループに対して，強い差別的表現やヘイト発言が含まれたアウトタグが観測されており，ファンの子どもたちが差別発言や誹謗中傷行為に巻き込まれている。

　以上のように，SNSのコミュニケーショントラブルは受信側に正しく情報が伝わっていなかったり，互いの些細な行き違い，知識不足，遊び半分での行為など，子どもたちが安易な気持ちで起こした行動の結果発生することが多い。発生直後は重大な問題につながることは少ないが，放置すると急激に事態が悪化し，いじめ事案や誹謗中傷行為，脅迫などのより深刻な被害・加害に進んでしまう。

　今後も，SNSを使い続けていく限り，このようなトラブルを子どもたちが避けることは難しい。そのため，丁寧な指導を受ける環境を構築し，何かあった時にはすぐに相談できる体制を整えていくことが必要である。

研究課題

1）表11-3や表11-4でふれたアカウントの種類について，任意のものについて調べ，子どもたちはそれらをどのように利用しているのか，その利用方法に情報セキュリティ上のリスクが存在していないかを調べ，まとめなさい。

2）SNSでのコミュニケーションにおいて，トラブルが発生しないようにするためにはどのような工夫を行えばよいかを挙げ，それを中学生（仮に14歳とする）が理解して実施でき，対策となるように説明する資料を作成しなさい。

引用・参考文献

［1］e-Stat（政府統計）令和2年1～12月犯罪統計（調査年月2020年），2021
［2］総務省，情報通信白書（令和2年度版），2020

12 | 情報倫理教育と子どもたち

| 山田恒夫，辰己丈夫

《**本章のねらい**》 初等・中等教育において情報倫理教育がどのように実施されているのかを，現行学習指導要領の内容に基づいて理解する。新たな教育手法を学ぶ。
《**キーワード**》 情報活用能力，情報モラル教育，コールバーグ，デジタル・シティズンシップ

　パーソナルコンピューター，そしてインターネットが普及する以前，情報倫理教育はごく限られた専門家，技術者に必要とされる技術者教育に近いものであった。それが，より多くの人々が日常的に使い始めると，初中等教育から学ぶべきものとしてとらえられ，情報リテラシーの教育が始まり，その要素として情報モラル教育が位置づけられた。前章では，子どもたちをめぐるインターネットのトラブルの諸相を概観した。本章では，子どもたちに必要な知識や能力，そして態度をどのように身につけさせるかという，教育の視点から，これまでの経緯を俯瞰し，課題をまとめる。

1. 初等中等教育における情報モラル教育

1.1 「情報公害」から「情報倫理」へ

　我が国で情報技術が広く利用されるようになったのは，1960年に運用が始まった国鉄による MARS システムや，各銀行が構築した決済システムなどであった。これらの設備は，単なるコンピューターではなく，

ネットワークを利用して相互接続された「情報システム」であった。（当時はインターネットではなく，独自のネットワークであった。）

　情報システムを利用した行為の問題点については，1970年には，塩田丸男による「情報公害—危険な情報とはなにか」[1]で，「情報公害」という言葉で呼ばれるようになり，1971年には情報処理学会が「情報公害シンポジウム」を開催している。一松信の記事「情報公害シンポジウム」[2]では，情報犯罪，ソフトウェアの法的保護，公害との関連などが議論された。

　1985年には，アメリカの哲学者，ジェームス・ムーアが，Computer Ethics を題材として取り上げている[3]。

　コンピュータに関する領域で「情報倫理」という言葉が初めて公に登場したのは，1987年発行の「南山大学社会倫理研究所論集　第三号」に，前川良博（当時，横浜商科大学教授）が執筆した「情報化社会の進展と情報倫理」[4]である*1。1989年7月には，前川良博による「情報処理と職業倫理」[6]が出版された。この本の第6章のタイトルは「情報倫理と職業倫理」（p.73）となっており，この章の冒頭で，著者（前川良博）は次のように述べている*2。

> 情報処理の分野では従来から論議の対象ともならず，あまり馴染みのない「**情報倫理**」という表現を本著では用いている。このことを強調し，その理解の拡大と実践化が広く普及することが本著の狙いでもある。

この本では，アメリカにおけるインターネットの普及については全く触

＊1　清水英夫（青山学院大学教授，ジャーナリズム論）によって，「情報の倫理学」[5]が1985年7月に筑摩書房から出版されているが，ジャーナリズムに関するものであった。例えば，目次を引くと，Ⅰ　情報の倫理学。Ⅱ　日本社会の先進性を疑う。Ⅲ　マスコミ不信の原因を考える…などとなっていた。本論文で述べる情報倫理・コンピュータ倫理と関係しないので，本文では説明を省略する。

＊2　上記引用で太字で引用されている部分は，原本においても太字の活字を用いている部分である。

れられていないものの，「情報倫理」に関する記述の多くは現代に十分通用するものであった。

その後，1992年12月の土屋俊の研究発表，1993年5月の電子情報通信学会では「情報通信の倫理第3種研究会」設立があり，1994年1月には山本恒，中野彰，原克彦による「情報処理論」（同文書院）[7]の章名に情報倫理という言葉が現れている。

筆者（辰己）は，1995年に，「WWW Server を一般ユーザーに開放し，HTML 教育に用いる試みの経過報告」[8]で，情報倫理に関する議論を行った。

その後，1995年「ネチケット・ガイドライン」[9]（IFTF RFC1855）を受けて，1996年電子ネットワーク協議会が「パソコン通信サービスを利用する方へのルール＆マナー集」[10]，「電子ネットワークにおける倫理綱領」[11]を出版した。

2003年に，情報教育学研究会（IEC）が出版した「インターネットの光と影」[12]第1章では，情報倫理は，「インターネット社会（あるいは，情報社会）において生活者がネットワークを利用して，互いに快適な生活をおくるための規範や規律」と定義された。

1.2 「情報モラル」

「モラル」とは，本書第10章で述べたとおり，2人における関係性，特に約束・義務を指す。広辞苑[13]では，「道徳を単に一般的な規律としてではなく，自己の生き方と密着させて具象化したところに生まれる思想や態度」ともされている。

一方で，「情報モラル」という言葉が公的な文書に初めて登場したのは，1987年4月の臨時教育審議会第三次答申[14]であった。ここには次の記述があった。

（提言の概要）

情報化への対応として次の３項目を提言

(1)　情報モラルの確立

　1998年には，文部省（当時）が学習指導要領で「情報モラル」という用語を示した。

　2003年には，財団法人コンピュータ教育研究センター（当時，CEC，現，一般社団法人日本教育情報化振興会）が情報モラル指導事例集[15]を発行，全学校に配布された（最新は「ここからはじめる情報モラル指導者研修ハンドブック」，2012）。

　「情報モラル」は，2007年の日本教育工学振興会（JAPET）の「情報モラルキックオフガイド」[16]では，「情報社会を生きぬき，健全に発展させていく上で，すべての国民が身に付けておくべき考え方や態度」とされた。2008年３月に告示された学習指導要領では，「情報モラル」は，「情報社会で適正な活動を行うための基になる考え方と態度」を意味し，各教科の指導の中で身に付けさせることとされた。また，それは「人として身に付けるべき特性」であり，「情報モラル教育」は「日常モラルの指導」と「情報社会の特性の理解」から構成される，とされた。

　初等中等教育では「特別な教科である道徳」を要に道徳教育が行われる。そこで行われる「日常生活におけるモラル（日常モラル）の育成」と重なる部分は多く，「情報モラル教育」とは，「情報社会固有のモラル」ではなく，情報通信技術のもたらした情報（化）社会，サイバー社会における新たな状況に対応するものといえる。（すなわち，「モラル」自体は何も変わっていない。）

　なかでも，その一部を構成する「情報安全教育」は，「情報社会に的

表12-1　日本における情報教育・情報モラル教育の推移

時期	内容
1970年	「情報公害」が流行語となる
1980年代前半	パソコンの出現，情報倫理の研究が始まる
1980年代後半	パソコン通信のサービス開始
1988年	情報処理教育研究集会開催 （現，大学ICT推進協議会年次大会）
1989年	情報処理学会「コンピュータと教育」研究会設立 「また一般のコンピューター利用者に対する教育とコンピューターリテラシーについても関心がたかまっている」
1990年代前半	インターネットの商業サービス開始
1990年代後半	WEBが普及し始める
2003年	高等学校普通教科「情報」実施開始

確な判断ができない児童生徒を守り，危ない目にあわせない」，すなわち危険回避を目的とする。しかし，後述するように，こうしたノウハウやテクニックばかりでなく，「情報モラルは，情報教育のねらいである「情報社会に参画する態度」の育成，ひいては「情報の科学的な理解」「情報活用の実践力」の育成のバランスのなかで育成することが求められる」とされている。

1.3　わが国における情報モラル教育の歴史的背景

　学習指導要領と，道徳教育，情報活用教育，情報モラル教育の関係については，次ページの表12-2に示す[17]。

表12 - 2　学習指導要領の変遷と情報モラル教育

改訂	特徴	実施
1958 ↓ 1960	教育課程の基準としての性格の明確化 • 道徳の時間の新設，基礎学力の充実，科学技術教育の向上等 • 系統的な学習を重視	小：1961 中：1962 高：1963
1968 ↓ 1970	教育内容の一層の向上（「教育内容の現代化」） • 時代の進展に対応した教育内容の導入 • 算数における集合の導入等	小：1971 中：1972 高：1973
1977 ↓ 1978	ゆとりある充実した学校生活の実現＝学習負担の適正化 • 各教科等の目標・内容を中核的事項にしぼる	小：1980 中：1981 高：1982
1989	社会の変化に自ら対応できる心豊かな人間の育成 • 生活科の新設，道徳教育の充実	小：1992 中：1993 高：1994
1998 ↓ 1999	基礎・基本を確実に身に付けさせ，自ら学び自ら考える力など の［生きる力］の育成 • 教育内容の厳選，「総合的な学習の時間」の新設	小：2002 中：2002 高：2003
2003	学習指導要領のねらいの一層の実現の観点から学習指導要領の 一部 改正	
2008 ↓ 2009	「生きる力」の育成，基礎的・基本的な知識・技能の習得，思 考力・判断力・表現力等の育成のバランス • 授業時数の増，指導内容の充実，小学校外国語活動の導入 • 情報の活用，情報モラルなどの情報教育を充実	小：2011 中：2012 高：2013
2017 ↓ 2018	• 情報活用能力（情報モラルを含む）を，言語能力と同様に「学 習の基盤となる資質・能力」と位置付け • 学校の ICT 環境整備と ICT を活用した学習活動の充実を明 記 • 小学校プログラミング教育の必修化を含め，小・中・高校を 通じて プログラミング教育を充実	小：2020 中：2021 高：2022

　最新の学習指導要領における情報モラル教育や，モデルカリキュラムについては次節で詳説する。

1.4　情報モラルと発達段階

　情報モラル教育を設計し実施する場合，科学的根拠に立脚することが重要であり，発達理論，特に道徳性の発達に関する理解が不可欠である。

　一般的な視点として，コールバークの道徳性理論が古典とされるが，インターネットの特性（特に，匿名性）やインターネット利用の個人性とこどもの責任能力を考察した村田の発達心理学的観点からの論考も秀逸である[18]。

　コールバーグ（Kohlberg, L.）は，理論の哲学的基礎をデューイ（Dewey, J.）に，心理学的基礎をピアジェ（Piaget, J.）において，道徳性認知発達段階理論を提唱した[19]。コールバーグは，ジレンマ問題のように価値判断が対立するような状況において，どのような判断をするか，その理由をどう説明するか，研究を進め，3水準6段階からなる発達段階を提唱した。まず，道徳的価値が人や規範にあるのではなく，外部の物理的な結果や力に依拠する「前慣習的水準」があり，これは第1段階「他律的な道徳性」と第2段階「個人主義・道具的道徳性」に分かれる。ついで，道徳的価値が，よいあるいは正しい役割をにない，慣習的な秩序や他者からの期待の維持することとなる「慣習的水準」があり，第3段階「対人的規範の道徳性」（他人からの期待，「よい人であること」，同調性など），第4段階「社会システムの道徳性」（良心）へと進む。そして，道徳的価値が所属する社会やその規範をこえて，妥当性と普遍性を有する原則を志向し，自己の原則を確立維持する「慣習以後の原則的水準」となり，第5段階「人権と社会福祉の道徳性」，第6段階「普遍性，可逆性，指令性をもつ一般的な倫理的原則の道徳性」に至る。第6段階

は全人類の普遍的な視点をもつというものであるが，情報（化）社会はボーダーレス性という特徴を有し，それが必要とされる状況は以前より身近なものになっている。コールバーグの理論には異論もあり，ギリガン（Gilligan, C）はさらに女性の発達の視点から修正の必要性を論じ，サリバン（Sullivan, E.）は西洋思想や自由主義的な概念を越えた普遍性を強調した。

　適切な情報モラル教育は，道徳性の発達に配慮しながら行うべきであり，それぞれの心的能力のレディネスにあわせて行う必要がある。現実問題として，子どもたちはインターネット環境で育った Digital Native であり，こうした新たな環境によって習得している能力には従前とは違いがある。村田のいうように，「インターネットを適正に利用するためには，情報モラルと責任能力と社会性が必要」[20]であり，情報（化）社会がもたらす道徳性への影響の研究が待たれる。

1.5　海外の情報倫理教育

　倫理やモラルは，地域や分野によって，異なる社会文化的影響を受ける。その一方，新しく生まれた情報空間，仮想空間にはグローバル性があり，特に現実空間との関係性が希薄な部分では，より高い普遍性が生まれる可能性がある。

欧州　欧州では，EC（欧州委員会，the European Commission）及び European Schoolnet（1997年創設，欧州各国の教育省によって設立された，教育革新を目的とする非営利法人，本部：ベルギー・ブリュッセル）によって，安全なインターネット利用という観点からいくつかのプロジェクトが実施されてきた。

　その1つ，「こどものためのよりよいインターネットプロジェク

ト」[21]では，児童，学生向けの教材やサービス，イベント（Safer Internet Day）を提供するほか，教師や保護者向けの支援や企業サポートを行っている。欧州連合（EU）として標準的なコンピテンシーが目標とされるが，各国の言語や文化の特徴を尊重した運用が図られる。

米国　米国の教育は基本的に州ごとに運営され，住民による自治的裁量も認められている一方，共通性の高いものとしては，国全体としての標準を定めたり，資源の共有再利用も盛んである。初等中等教育では，International Society for Technology in Education（ISTE）が，ICT教育のための諸標準を作成しており，その目標の1つに**デジタル・シティズンシップ**がある。また，CoSN（Consortium for School Networking, http://www.cosn.org/）が教員や学校，保護者向けの支援サービスを行うほか，インターネット上には様々な公開教育資源（OER）を見出すことができ，MERLOT（https://www.merlot.org/）などのリポジトリ（コンテンツデータベース）には，そうした教材や資料が蓄積されている。

韓国　韓国では2017年当時，3-9歳のインターネット利用率が83.9%という調査があり[22]，幼児の，すなわち就学前の情報倫理教育が実施されている。インターネット上でのいじめや犯罪なども深刻化する韓国であるが，「インターネット＝悪」といった短絡的な思考に走り，一方的に否定するのではなく，インターネット上で善き，好ましい習慣を育成する活動も推進されている。SNSでの悪意のある書き込みによって自殺者も出ている現状に対抗し，善良なコメントを書き込むという善意のボランティア活動はその例である（例，SunFull運動，http://sun-full.org/）。

　倫理や道徳は，社会において共有すべき規範や規則であるが，時代や文化によって変わるものである。情報倫理教育の内容も，普遍的な内容がみられる一方，各国の社会・文化によって差異も生ずる。先進国で実施されている情報倫理教育には共通点が多いが，それぞれの習俗・習慣から，あるいは法体系の相違から，学校教育・高等教育における情報倫理の取扱は異なっている。発展途上国では，そうした状況がつかめないことも多く，留学生の状況から推測される場合もある。

2. 情報倫理教育と情報モラル教育

　ここでは，筆者（辰己）が，2010年に行ったアンケート調査[23]を元にして，初等中等教育段階での「情報モラル教育」について議論する。

2.1　2006年から2008年の調査

　情報教育の実態についての大規模な調査としては，2008年に CEC による，高等学校で情報教育を実際に担当している教員を対象として行った調査と，2006年から CIEC（コンピュータ利用教育学会）小中高部会による，授業を受けてから大学に入学した学生を対象とした大規模な調査が知られている。

　2008年の CEC による高校教員を対象とした調査[24]では，多くの高校で「情報モラル」の教育に十分な時間を費やしていることがわかるが，高校副教材の調査例によれば，その内容はコールバーグの段階4までに入る内容で構成されていると思われる。

　一方で，CIEC は，2006年から2010年まで毎年，大学1年生を対象に「大学1年生の学生が高等学校のときに学んできた項目・今後学びたい項目」を調査している。ここでは，2009年度に3,271名の大学1年生に実施した調査結果[25]のうち，注目すべきものを抜粋した（表12-3）。

212

表12-3　2009年度実施の CIEC アンケート（CIEC[25]による。抜粋。%）

内容	既習	理解	更に
プログラミング	17.8	4.2	68.9
モデル化とシミュレーション	9.8	2.6	63.8
表計算ソフト	74.7	17.7	57.4
ワープロ	75.2	35.5	51.0
著作権	63.7	21.4	42.9
個人情報とプライバシー	63.1	22.3	42.9

既習：その項目を高校で学んだ
理解：現在自分が理解し，活用できる
更に：今後大学で，更に詳しく学びたい内容

　この結果をみると，高等学校ではワープロ，表計算，著作権，プライバシーなどはよく学ばれているが，いずれも学んだ割には理解できたとはいえない。ところが，ワープロと表計算は，大学でさらに学びたいとする学生が多いものの，著作権やプライバシーなどは，「理解している」という回答は20％強と高くないのに，「さらに大学で学びたい」という回答は他の選択肢と比べて高くない40％程度で，すでに「おなかいっぱい」状態になっている。一方，プログラミングやモデル化とシミュレーションは，高校でほとんど学習されておらず，そして大学では学びたい項目に含まれているということが言える。

　CEC の調査結果と CIEC の調査結果は対照的である。すなわち，高等学校の教員は情報モラルに十分な時間を費やしているが，それを学んだ大学生（直前まで高校生）は，その内容に興味を失っていることが示されている。

2.2　2012年実施の大学1年生対象のアンケート

　筆者（辰己）は，2012年4月から5月に，大学1年生と，比較対象と

して高校１年生にアンケート調査を実施した。ここでは，その項目のうち，「情報モラル教育」に関係する部分について述べる。

表12 - 4　有効回答を行った人数と性別

	男	女	合計
大学生・理系	668	291	959
大学生・文系	110	197	307
計	778	488	1266
高校生	252	175	427

　CEC項目の学習についての調査で用いられた設問を利用して，（高校卒業までに）授業で学んだ，（高校卒業までに）身に付けた，大学の情報関係の授業で学習したい，の３種類の回答数を，表12 - 5に示す。

表12 - 5　高校卒業までに授業で学んだ・身に付けた，大学で学習したい（％）

項目	学	身	大
表計算ソフトの基本操作	83	44	51
コンピュータープログラミング	28	13	35
モデル化とシミュレーション	19	8	24
ワープロの基本操作	77	59	23
統計処理	30	14	15
データベースの作成	23	11	12
コンピューターやネットワークの仕組み	61	38	6
著作権	81	70	3
個人情報の取り扱い	75	71	2
メディアリテラシー	46	41	2
メールのマナー・モラル	58	63	1

　これを見ると，多くの大学生は「表計算ソフトの操作」「プログラミング」を学習したいと希望しており，その反面でマナー・モラルや他人の個人情報などを学びたいと希望する者はほとんどいないことがわかる。

2.3　初等教育までの「情報モラル教育」の評価

　本節で述べたことを短くまとめると次のことが言える。

- 2006年から2008年でも，2012年でも，高校までに情報モラルに該当する項目を学んできた人は多い。
- 大学1年生では，情報倫理教育で扱われる項目への学習意欲が低い。

　このことについての解釈は，次節で述べる。

3.　情報モラル教育の展望

3.1　「ジレンマ」を欠いた「情報モラル教育」

　我が国で行われてきた「情報モラル教育」の内容は，1996年の「ネチケット・ガイドライン」[9]，「パソコン通信サービスを利用する方へのルール＆マナー集」[10]，「電子ネットワークにおける倫理綱領」[11]，に始まり，2007年の日本教育工学振興会（JAPET）の「情報モラルキックオフガイド」[16]や，2012年頃に相次いで発行された高校生向けのワークブック[26,27,28]などで把握することができる。

　その内容は，おおむね次のようになっている。

（A）違法行為について

　1）違法行為の実例を述べる。

　2）それがなぜ違法であるかを，法律に基づいて説明する。

　3）違法行為を禁止（しない）ことの大切さを説明する。

（Ｂ）活用について

　　1）一見，違法と思われるが，法を解釈すると合法となる行為の例
　　　を述べる。

　　2）事前手順がないと違法な行為を説明して，事前の手順（例えば
　　　著作物の利用許諾の申請方法）を説明する。

　このようにして，情報社会における適切な振る舞いを考えさせる教材
が展開されている。しかし，前節で述べたように，実際に授業を受けて
高校を卒業した大学1年生は，この分野に関する積極的な学習意欲が著
しく低い。

　筆者（辰己）は，同アンケートのときに聞き取り調査を行っており，
その回答から，以下の状況が発生していると結論づけた。

　　●小学校，中学校，高等学校では，「情報モラル」の授業として，
　　　「（Ａ）違法行為について」は徹底的に教えられていたが，「（Ｂ）
　　　活用について」は，ほとんど教えられていなかった。

　　●結果として，生徒らは「無難」で「いい子」である選択肢を解答
　　　すれば満点を取ることができ，実際の「適切な行動」には結びつ
　　　いていない。

　この推測を裏づける資料として，本書の第10章で述べたジレンマの取
扱いがある。筆者（辰己）の論文[23]で，大学1年生がジレンマを学ん
だ後に述べた感想を，以下に引用する。

　　●倫理面とモラル面の間のジレンマについて扱ったが，この問題を
　　　考えるには法律が何のためにあるのかを考える必要があると思っ
　　　た。例えばアメリカの海賊版の話では，もしそれを社会的に認め
　　　ることができるのならば，それをわざわざ罰する必要があるのか
　　　は難しい問題であると思う。法律に完全に依存しすぎるのもまた

危険であるが，それをあまりにないがしろにしては法律の意味が
ない。
- 正直，著作権について理解しているつもりでいたが，実際に倫理
の問題とモラルの問題が対立する場面に触れると，自分が如何に
著作権を理解していないかがわかった。
- 倫理とモラルの判断基準がなかなか難しいということが，今まで
の僕の日常感覚からすれば衝撃的なことでした。人のためを思っ
てやったことが，必ずしも法にかなっていなかったり，また，逆
に，法にかなっていることであっても，それは人道としてどうな
のか，といった課題は，いかに現在の情報社会が複雑なものであ
るのかを物語っていると感じました。
- 自分は情報倫理について全然知らないことを思い知らされまし
た。これからの授業でちょっとずつ学んでいきたいと思います。

　情報倫理の授業で「情報社会のジレンマ」について考えた学生にアン
ケートを取ってみたところ，情報倫理に対する学習意欲を持つように
なったことが示された。

　法令同士のジレンマや，法令と善意のジレンマが発生したとき，どち
らを選ぶべきかは，ケース・バイ・ケースで決める必要がある。だが，
高校卒業までに，誰でもすぐに答えられる「無難な判断」を問われるテ
ストばかりでは，この領域に対する学習意欲が後退するのは当然であ
る。

3.2　デジタル・シティズンシップ

　現在，我が国では，初等中等教育段階での，従来型の「情報モラル教
育」の問題点を認識する人（教員，研究者）が，徐々に増え始めている

段階である。筆者（辰己）自身は，「情報モラル教育」の発展としては，「倫理とモラルのジレンマ」を考えるための知識と思考力の育成が，今後の「情報倫理教育」には重要であると考えているが，ここでは，筆者が関わっていない活動として，2020年頃から急速に注目されてきた「デジタル・シティズンシップ」について紹介する。（ここでは，2020年に発行された日本語で記述された「デジタル・シティズンシップ」[29]の内容を引用しながら紹介する。）

　デジタル・シティズンシップは，2007年に，ISTE が定めた情報教育基準（NETS）で提唱された考え方であり，デジタル・シティズンシップの主な要素として，「学校におけるデジタル・シティズンシップ」（2015）で次の9項目が挙げられている。

　1）デジタル・アクセス
　2）デジタル・コマース
　3）デジタル・コミュニケーションと協働
　4）デジタル・エチケット
　5）デジタル・フルーエンシー
　6）デジタル健康と福祉
　7）デジタル規範
　8）デジタル権利と責任
　9）デジタルセキュリティとプライバシー

　デジタル・シティズンシップが，従来の「情報モラル」と異なるわかりやすい例として，アメリカの NPO「コモンセンス」が制作したデジタル・シティズンシップを身につけるために学ぶ教材ビデオとの比較が紹介されている。

　まず，日本での「情報モラル」の教材は，本章でも既に述べた通り，

禁止事項を記憶し，それを正しく運用することが求められている。だが，現実の「情報モラル」の授業は知識伝授が主となるため，達成度の確認テストでは，いわゆる「無難な」選択肢を選び，テストで合格点を取る対象として位置づけられている。このような目的であれば，ビデオ教材もまた，禁止事項を学ぶことを中心としたものにならざるを得ない。

　一方で，デジタル・シティズンシップのビデオ教材の場合は，なぜ，そのような事態が生じたのかを多角的に検証し，解決のための政策やルールの制定，方針を考案することを求めている。例えば，ヘイトクライムが多いという問題に対しては，日本の教材では「ヘイトクライムにつながる発言をしないことを求める」のに対し，デジタル・シティズンシップの教材では「ヘイトクライムが発生する背景を分析し，有効な政策を求める」ことを重視する。

　したがって，デジタル・シティズンシップを学ぼうとする学習者（生徒・学生）らは，禁止事項を覚えるのではなく，情報社会に参画する方法について，先行事例を知り，具体的に考え，そして行動することが求められる。

　このように，デジタル・シティズンシップは，従来の情報モラルとは全く異なる手法と内容で構成されており，2021年頃からの日本の初等中等教育で重要視されることとなった。

🎙 研究課題

1）デジタル・シティズンシップについて，我が国で行われている教育
　　事例などを調べて，その特徴を述べなさい。
2）人工知能の普及にともない，情報倫理教育はどのようになるべきか
　　を述べなさい。その際には，根拠となる論文や研究報告などを参考に
　　すること。

引用・参考文献

［1］塩田丸男：情報公害―危険な情報とはなにか，サンケイ新聞社（1970）
［2］一松信：情報公害シンポジウム，情報処理，第12巻9号，pp.589-590，情報処
　　理学会（1971）
［3］Moor James. H：What is Computer Ethics?, Metaphilosophy, Vol.16, Num.4,
　　pp.266-275（1985）
［4］前川良博：現代社会における技術と倫理，南山大学社会倫理研究所論集，南
　　山大学社会倫理研究所，Vol.3（1987）
［5］清水英夫：情報の倫理学，筑摩書房（1985）
［6］前川良博：情報処理と職業倫理，日刊工業新聞社，（1989）
［7］山本恒，中野彰，原克彦：情報処理論，同文書院（1994）
［8］辰己丈夫，筧捷彦，原田康也：WWW Server を一般ユーザに開放し，HTML
　　教育に用いる試みの経過報告，Japan World-Wide-Web Conference '95，日本イ
　　ンターネット協会（1995）
［9］IFTF：ネチケット・ガイドライン（RFC1855）（1995）
［10］電子ネットワーク協議会：パソコン通信サービスを利用する方へのルール＆
　　マナー集（1996）
［11］電子ネットワーク協議会：電子ネットワークにおける倫理綱領（1996）
［12］情報教育学研究会（IEC）情報倫理教育研究グループ（編），インターネット
　　の光と影：被害者・加害者にならないための情報倫理入門　Ver.4．北大路書房

（2003）

[13] 広辞苑，岩波書店．

[14] 臨時教育審議会：第三次答申（1987）

[15] 財団法人コンピュータ教育研究センター：情報モラル指導事例集（2003）

[16]「情報モラル」指導実践キックオフガイド，日本教育工学振興会（2007）

[17] 文部科学省：学習指導要領とは？「学習指導要領の変遷」（2011）
　　https://www.mext.go.jp/a_menu/shotou/new-cs/idea/index.htm
　　（2021年9月1日閲覧）

[18] 村田育也：子どもと情報メディア―子どもの健やかな成長のための情報メディ
　　ア論―．現代図書．p.207（2010）

[19] 荒木紀幸，『モラルジレンマ授業実践のために―ピアジェとコールバーグの理
　　論―』（荒木紀幸（編著）「モラルジレンマ資料と授業展開（中学校編）第2集」，
　　pp.100-148，明治図書（2005）

[20] 村田育也：子どもの発達と情報メディアの使用の問題．山田恒夫・辰己丈夫（編
　　著），情報セキュリティと情報倫理．放送大学振興会．pp.78-89（2018）

[21] European Commission：Better Internet for Kids「こどものためのよりよい
　　インターネット」（2014-2021）

[22] KISA（Korea Internet & Security Agency）：The 2018 Korea Internet
　　White Paper（2018）

[23] 辰己丈夫：持続的かつ倫理的な情報活用能力養成のための情報教育体系の研究，
　　筑波大学学位請求論文（2014）

[24] CEC有識者委員会：平成20年度 高等学校等における情報教育の実態に関する
　　調査，財団法人コンピュータ教育開発センター（2009）

[25] CIEC小中高部会：2009年度高等学校教科「情報」履修状況調査の集計結果と
　　分析中間報告（速報），CIEC（2009）

[26] 第一学習社，ケーススタディ　情報モラル～こんなとき，どうなる？こんな
　　とき，どうする？～（2012）

[27] 実教出版，事例でわかる 情報モラル改訂版，（2012）

[28] 日本文教出版，見てわかる情報モラル，（2012）

[29] 坂本旬，今度珠美，豊福晋平，芳賀高洋，林一真：デジタル・シティズンシッ
　　プ，大月書店（2020）

13 │ 技術者倫理と
情報セキュリティ人材育成

│ 中西通雄

《**本章のねらい**》 情報技術者は，情報通信技術に直接関わらない問題にも直面する。ここでは，技術者として倫理的な考察が必要となったときに，どのような段階をふんで考えればよいか，内部告発の問題点は何か，倫理綱領には何が定められているかを学ぶ。さらに，これらをふまえて情報セキュリティ技術に関わるいくつかの問題を見ることで，技術者としてあるべき方向を考える。最後に，情報セキュリティ人材の育成についての動向を概観する。
《**キーワード**》 技術者倫理，内部告発，倫理綱領，情報セキュリティ人材育成

1. 技術者としての倫理

1.1 技術者倫理

　まず，倫理の定義が必要かもしれない。ここでは，札野順（編）「新しい時代の技術者倫理」[1]による「倫理とはある社会集団において，行為の善悪や正・不正などの価値に関する判断を下すための規範体系の総体，およびその体系についての継続的検討という知的営為である。」という定義を使う。つまり所属する社会集団の規範に従うだけでなく，みずから考える姿勢が重要である。情報セキュリティを扱う者は，まず技術者として倫理を理解しておく必要がある。

なぜ技術者に倫理が必要か

プロメテウスから「火」を与えられた人類は，湯をわかし，肉を焼いて食べ，暗闇を明るくすることができるようになった。やがてそれを戦いにも利用するようにもなった。ときを経て，人類は鉄で橋や建物や車を作り，そして兵器を作ってきた。原子爆弾投下によるすさまじい破壊を反省することなく，いまだに核兵器を脅威の道具として用いている。平和利用としての核反応技術は電力エネルギー源として利用されているが，いくつもの原子炉事故が発生し，核廃棄物の処理にも悩まされている。

また，遺伝子操作技術を用いて作物の収穫量を上げ，病気を治療する一方で，何らかのしっぺ返しが起きないかという不安もある。このように，科学技術は人類に便利さや幸福をもたらすと同時に，完全には制御しきれていない部分や，悪意を持った利用に懸念もある。つまり技術を扱う専門家の意思決定は，社会に対してよい方向にも悪い方向にも多大な影響を与える。そこに技術者の倫理的行動の必要性がある[2]。

本章では，まず技術者としての倫理について導入を行う。この詳細については，放送大学の科目「新しい時代の技術者倫理（'15）」をぜひ学んでほしい。

技術者教育の認定評価制度と倫理・セキュリティ教育の位置づけ

米国では，古くから大学の学部における工学教育プログラムの評価基準を定めてきた。教育プログラムの認定機関である **ABET**（Accreditation Board for Engineering and Technology）Inc. は1932年に設立された*1。その後，ABET は，技術者の社会的な責任に対する意識と理解や技術者の責任が大きくなることを予測して，評価基準の内容を改訂してきた。また，技術者の仕事もグローバル化しているので，

---

*1　http://www.abet.org/

各国での評価基準をそろえることが考えられた。この中心となるものが1989年の**ワシントン協定**（Washington Accord）である*2。協定に加盟した各国の認定団体が行う認定基準・審究の手順と方法を定めることにより，実質的同等性を相互に認め合うこととした。つまり，他国の認定団体が認定した**技術者教育プログラム**の修了者を，自国の認定機関が認定した教育プログラムの修了者と同等な専門レベルで技術業を行うための教育要件を満たしていることを認め合う。2020年末時点で，21団体が正式加盟（各国1団体であるが，中国と香港と台湾は各1団体が加盟），7団体が暫定加盟している。

　なお，専門教育としての情報系（コンピューティング及びIT系）は，科学であり工学系のワシントン協定にはなじまないとして，**ソウル協定**（Seoul Accord）で定められた評価基準が用いられている*3。ソウル協定は，2019年9月末時点で9団体が正式加盟，6団体が暫定加盟している。

　日本における工学教育プログラムの認定制度は，事実上21世紀になってスタートした。**日本技術者教育認定機構**（Japan Accreditation Board for Engineering Education，**JABEE**）がABETの日本版であり，大学院・大学・高等専門学校の教育プログラム認定を行っている*4。JABEEは，2005年にワシントン協定への正式加盟が承認され，2008年には韓国などと合同でソウル協定を設立した。JABEEではすべての技術分野に対する共通認定基準を決めており，その中で定めている学習教育目標の2020年度版は次のとおりである。

　(a)地球的視点から多面的に物事を考える能力とその素養
　(b)技術が個人・組織・社会に及ぼす影響や効果，及び技術者の社会に

＊2　http://www.washingtonaccord.org/
＊3　http://www.seoulaccord.com/
＊4　http://www.jabee.org/

対する貢献と責任に関する理解

(c)数学，自然科学及び情報技術に関する知識とそれらを応用できる能力

(d)当該分野において必要とされる専門的知識とそれらを応用する能力

(e)種々の科学，技術及び情報を活用して社会の要求を解決するためのデザイン能力

(f)論理的な記述力，口頭発表力，討議等のコミュニケーション能力

(g)自主的，継続的に学習できる能力

(h)与えられた制約の下で計画的に仕事を進め，まとめる能力

(i)チームで仕事をするための能力

このように，地球的視野や社会に対する貢献と責任などが最初に掲げられており，それらを前提として，(c)から(i)の専門領域の知識・技能や仕事をするための能力があげられている。なお，(c)の「情報技術」は，どの分野（例えば化学や建築など）においても，数学，自然科学と合わせて専門的知識や応用能力の基盤であるとして，2019年度に追加された[*5]。すべての技術分野において情報技術が必須になってきていることが反映されたといえよう。

上記の共通認定基準に加えて，エンジニアリング系や建築系など認定種別に応じた個別基準がある。情報専門系については，学士課程の4分野（1.コンピュータ科学（CS），2.情報システム（IS），3.インフォメーションテクノロジ・サイバーセキュリティ（IT・CSec），及び4.情報一般）に対する個別基準の(b)として，「技術者が持つべき倫理の理解」と「情報セキュリティに対する責任の理解」が含められており，倫理感をもって情報セキュリティに配慮することが期待されている[*6]。

＊5　https://jabee.org/doc/2019henko.pdf

＊6　2020年度認定・審査用資料（https://jabee.org/doc/2020shiryo.pdf）の付表3-2

1.2　技術者倫理にかかわる事例研究

　各大学等での現在の工学系専門教育プログラムは，工学教育の認定審査を受けているか否かにかかわらず，技術者倫理にかかわる内容を必ず含んでいると思われる。実際，技術者倫理あるいは工学倫理の教科書はたくさん出版されており，そこでは，製造物責任，個人情報保護，内部告発，公益通報者保護など解説にとどまらず，実際の事件や仮想事例が取り上げられている。法令の知識を修得するだけでなく，事例の中で法令によって一刀両断できずに倫理的なジレンマが絡む問題を取り上げて，もし自分が当事者の立場だったらどのように行動するかを学習者同士で議論することで，技術者あるいは技術者の卵として倫理に向き合う時間を持つことが大切である。

　ここでは，まず，よく取り上げられる2つの事例を簡単に紹介しておく。事例をもとにして何を考えるべきかの例は，章末に研究課題としてあげておく。

⑴　三菱自動車のリコール隠し

　三菱自動車工業が乗用車，トラック，バスの不具合情報の一部を隠してリコールを避けていたことが，2000年に内部告発により発覚した。発覚後も事故は続き，2002年には横浜でトラックから外れたタイヤに直撃された母子3人が死傷し，さらに山口県内でクラッチ系統の破損でブレーキが利かなくなった冷蔵車が暴走して男性運転手が死亡する事故を招いてしまった。

　ハブ（車軸にホイールを接続するための部品）の破断によってタイヤが外れたり破裂したりする事故は1990年頃から起きていた。社内の技術陣はハブの強度や構造の問題に気づいて闇改修もしていたが，リコールにつながるクレーム情報を隠蔽し，対外的にはユーザーの整備不良とし

て片づけた。さらには，国土交通省へは，役員のほか品質保証部門，開発・製造部門の部課長級の約12人が合意の上でハブの摩耗量に関するデータをねつ造して報告した。国土交通省による立ち入り検査の際にも，回収ハブに関する生データを示しただけで，設計ミスを疑わせる解析データは示さなかった。

　三菱自動車工業は，この事件で市場の信頼を失墜したために販売が大幅に落ち込み，会社としての存続も危うくなったが，三菱グループの支援によりかろうじてそれは免れた。しかし，当時の社長をはじめとする関係者は，道路運送車両法違反及び業務上過失致死傷で有罪となった。

　社外弁護士による調査報告書では，同社が品質問題の根本的是正・解決にとりくまず，企業文化にも深刻な欠陥があったとされている。

⑵　チャレンジャー号爆発事件

　NASAのスペースシャトル・チャレンジャー号は，1986年1月の打上げ直後に爆発し，7人の乗組員全員が死亡した。爆発の直接の原因は，固体燃料ロケットブースタのつなぎ目を塞ぐ巨大な環状のゴムが当日の記録的な低い気温によりその密閉機能を十分に果たせず，高温の燃焼ガスが外へ漏れ出たことである。実は，低温のときにゴムが硬化して密閉機能が落ちることは，それまでの何回かのシャトル打上げ後の検査でわかっていた。ロケットブースタの開発・製造を担当するMT（Morton Thiokol）社の技術者ボジョリーは，詳細な調査実験が必要であることを上司に訴え，NASAへも連絡していたが，必要な予算・人員は与えられなかった。打上げ前夜に相当な冷えこみになることがわかり，急遽MT社とNASAの間で電話会議が招集された。しかし，ボジョリーの必死の訴えにもかかわらず，MT社の上級副社長は技術担当副社長に対して，「技術者の帽子をとって，経営者の帽子を被れ」と告げ，打上げ

が予定通り決行されることになった*7。

技術的逸脱の常態化

　チャレンジャー号事故の原因は，NASA からの圧力に屈して技術者としての判断から経営者としての判断に変えたことにある，として取り上げられることが多い。つまり人命を第一とする判断をしなかったというわけであるが，単純に考えてよいだろうか。

　事故調査委員会報告では，スペースシャトル計画自体に無理が生じていたにもかかわらず NASA が打ち上げを強行したこと，及び，燃焼ガス漏れの報告を NASA が適切に扱わなかったという組織の欠陥があげられている。チャレンジャー号の事故後，2003年には，スペースシャトル・コロンビア号が地球に帰還する際に空中分解して，乗組員全員が死亡する事故も起きた。この事故調査の結果，技術的な問題が生じたときに基準を緩めて計画を続行するという NASA の体質が指摘されている。つまり「**技術的逸脱の常態化**」という組織的な欠陥が問題の根本であるというわけである。そしてそこには予算・人員の削減という事実があった[3][4]。

1.3　セブンステップガイド

　技術者は，重大な問題を発見したときにどのように考えをまとめて行動すべきであろうか。倫理学者のマイケル・デイビスは7つのステップで考えることを提案している。引用・参考文献［1］から項目だけを抜粋する。

　1）当事者の立場から，直面している問題を表現してみよ
　2）事実関係を検討せよ

---

*7　チャレンジャー号爆発事故については，Wikipedia の日本語サイトにも詳細に記述されている。

> ３）ステークホルダー（利害関係者）が重視する価値を整理せよ
>
> ４）複数の行動案を具体的に考えてみよ
>
> ５）倫理的観点から行動案を評価せよ
>
> ６）１）から５）の検討結果をもとにして自分の行動方針を決定せよ
>
> ７）再発防止に向けた対策を検討せよ

エシックステスト（倫理テスト）

　ステップ５）は**エシックステスト**と呼ばれるもので，自分の考えた行動案をいろいろな見方で検討するものである。代表的なテストを２つだけ紹介する。

・**可逆性テスト**：いまあなたが取ろうとする行動が，あなた自身に影響するとしたら，その行動を取るか。つまり，自分が嫌だと思うような行動は人に対してすべきではないという黄金律である。

・**普遍化可能テスト**：いまあなたが取ろうとしている行動を，全員が行ったとき問題は生じないか。

　このほかに**徳テスト**，**危害テスト**，**公開テスト**，**専門家テスト**などがあるが，文献［１］を参照してほしい。

　世界的な半導体会社である Texas Instruments（TI）社のエシックステストは有名なので，日本テキサス・インスツルメンツ合同会社のサイトから日本語版を抜粋する*8。社員はこれが書かれたカードを携行している。

> ◇「それ」は法律に触れないだろうか
>
> ◇「それ」は TI の価値基準にあっているだろうか
>
> ◇「それ」をするとよくないと感じないだろうか

＊８　https://www.tij.co.jp/general/jp/docs/gencontent.tsp?contentId=50659

◇「それ」が新聞に載ったらどう映るだろうか

◇「それ」が正しくないとわかっているのにやっていないだろうか

◇確信が持てないときは質問をしてください

◇納得のいく答えが得られるまで質問をしてください

1.5　内部告発

　チャレンジャー号爆発事件に話を戻す。技術者のボジョリーは，直前の電話会議でも爆発の危険を訴えていたのだから，打ち上げが決定されてしまったときに，なぜマスコミなどに連絡してでも打ち上げを止めようとしなかったのか，という批判もあるだろう。また，後で述べるが，事故調査委員会でボジョリーが証言した内容は内部告発にあたるのではないか。ここで内部告発について少し整理しておく。

内部への告発・外部への告発

　いわゆる内部告発は，組織内部での管理者層や経営者層に対するものと，メディアやオンブズマンなど組織外部に対するものとの2種類に整理できる（図13-1）。

外部に対する内部告発の要件

　倫理学者のリチャード・T・ディジョージは，外部に対する内部告発の要件を次の5つに整理した。この1）から3）の3つが満たされれば内部告発は道徳的に正当化され許される，さらに5つすべてが満たされるならば内部告発は道徳的に義務であるとした[5]。以下では奥田の訳を引用する*9。

＊9　http://www.ic.nanzan-u.ac.jp/~okuda/writings/whistle.html

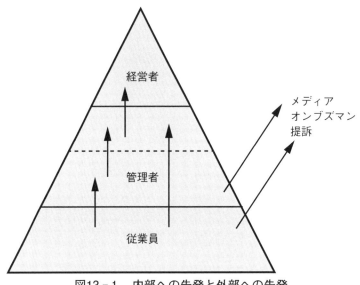

図13-1　内部への告発と外部への告発

1）（深刻かつ相当な被害の存在）会社が，その製品や政策を通じて，その製品のユーザであれ，罪のない第三者であれ，公衆に対して深刻かつ相当な被害（serious and considerable harm）を及ぼすと思われる。

2）（直属上司への報告）従業員が直属の上司に予想される被害を報告し，自己の道徳的懸念を伝える。

3）（組織内で可能な解決方法の模索）従業員が内部的な手続きや企業内で可能な手段を試み尽している。これらの手段には，通常，経営の上層部や，必要かつ可能な場合には取締役会に報告することも含まれる。

4）（挙証可能性）自分のその状況に対する認識が正しいものであ

> ること，また，その企業の製品あるいは業務が一般大衆やその
> 製品のユーザに深刻で可能性が高い危険を引き起こす，という
> ことを合理的で公平な第三者に確信させるだけの証拠を持って
> いるか，入手できる。
>
> 5）（有効性）従業員が，外部に公表することによって必要な変化
> がもたらされると信じるに足るだけの十分な理由を持ってい
> る。成功をおさめる可能性が，個人が負うリスクとその人にふ
> りかかる危険に見合うものである。

　チャレンジャー号爆発事件において，打ち上げ決定後にボジョリーは
マスメディアなどに内部告発することができたかもしれない。デイ
ジョージの5つの要件にあてはめてみると，2）と3）は満たすが，1）
については，宇宙飛行士は公衆（general public）なのか，そもそも宇
宙飛行士は危険を承知で乗り組んでいるので公衆に該当しないのではな
いかという疑問が出てくる。

　チャレンジャー号爆発後の事故調査委員会において，ボジョリーは会
社の許可を得ずに，調査資料を提供し，自分が何年も前から燃焼ガス漏
れの事実を重視し，予算をつけて調査すべきと主張してきたことを証言
した。この証言は，外部への内部告発といえる。アメリカの**プロフェッ
ショナルエンジニア協会**（**NSPE**：National Society of Professional
Engineers）の倫理綱領では，「公衆の安全・健康・福利を守るためには，
上司，顧客，あるいは自分の所属する組織をこえて公的な機関に通報す
ること」が書かれている[10]。ボジョリーはアメリカ科学振興協会から
表彰されたが，結果的に退社に追い込まれた。他の事例を見ても，内部
告発者は不利益を被る場合がほとんどである。企業の不正によって公衆
が危害を被ることを防ぐためには，内部告発者が守られる必要がある。

---

[10]　http://www.nspe.org/Ethics/CodeofEthics/ の Rules of Practice の 1 の a

1.6 公益通報者の保護

アメリカ合衆国では1989年に，イギリスでは1998年に内部告発者を保護する法律が制定された。日本でも，様々な不正事件が発生したことがきっかけとなって，2004年に**公益通報者保護法**が制定されている[11]。詳細は省略するが，事業所内で起きている法令違反を見つけたとき，あるいは法令違反であると信ずるに足る十分な証拠がある場合に，組織外へ内部告発しても不利益を被らないように保護されるものである。

法律が施行されてからも通報者が解雇などの不利益を受ける事案が発生していたため，2020年6月に法改正され，2022年6月までに施行されることになっている。この改正では，労働者だけでなく退職者や役員も通報者として保護対象となったほか，300人以上の組織での通報窓口等の体制整備が義務化され，通報者への損害賠償請求は免除されるなど，通報者の保護が強化された。

事業所内の内部通報を受け付ける窓口が総務部門などであれば，通報者の情報が漏らされるのではないかという不安が払拭できないおそれもあるため，外部の弁護士事務所等を通報先としている組織もある。また，行政機関や報道機関，労働組合なども通報先として定められているが，公益通報者保護法によって保護されるための要件はそれぞれ異なるので，注意が必要である。

1.7 倫理綱領

本章の最初で，倫理はある社会集団における規範体系と表現した。例えば，伝統的にプロフェッショナルとして認知されている医師や弁護士を考えると，それぞれ医師会・弁護士会という集団に属することで仕事をしている。そして，その集団で定められた規範を守らねばならない。これと比較したとき，技術者がプロフェッショナルかどうかについては

---

[11]　https://www.caa.go.jp/policies/policy/consumer_system/whisleblower_protection_system/

議論があるが，一般の人が持っていない技能を正しく使うことが求められていることは間違いない。アメリカでは**プロフェッショナルエンジニア**（**PE**：Professional Engineer）資格は，医師・弁護士・公認会計士と同様に高い地位と責任を持つ。

たいていの学会や企業には，社会集団の規範としての倫理綱領がある。倫理規定や行動規範などと名付けられている場合もある。さて，先に見たNSPEの倫理綱領は公衆の安全を第一においていた。日本原子力学会の倫理規程は2001年に策定され，最新の2018年版までに6回の改訂が行われている。この2018年版の憲章第2条では，「会員は，公衆の安全を全てに優先させて原子力および放射線の平和利用の発展に積極的に取り組む。」としている。また，同学会の「行動の手引き」第4条の7で「特に公衆の安全上必要不可欠な情報については，所属する組織にその情報を速やかに公開するように働きかけ，公衆の安全確保を優先させる。」としている＊12。以前には守秘義務違反に係る情報であっても開示するとされていたが，2018年版からは組織内部で解決を試みるように定めている。

公益通報者保護法と倫理綱領を見てきてわかるように，最初から組織外へ内部告発することは推奨されていないといえる。組織外へ内部告発を行うと，告発者は同僚からも遠ざけられ，会社の被るダメージも大きい。告発まで至らなくても，告発をしないように仲間から監視されるかもしれない。したがって，まずは同僚の協力を得て，上司と相談する，それでもだめなら組織内部の通報窓口に連絡することが推奨される。また，この過程で個人の責任を追及するのではなく，安全を第一とする議論ができるような組織を日頃から作り上げることが大切であろう。組織外への内部告発は，最後の手段である。

＊12　http://www.aesj.or.jp/ethics/02_/02_241_18/

1.8 ソフトウェア開発における仮想事例

情報技術に関連する倫理的な問題を扱うときも，これまでに学習してきた知識を応用すればよい。室蘭工業大学で作成された技術者倫理教育用のビデオ教材「技術者の自律」が公開されているので，ぜひご覧になっていただきたい*13。ビデオ教材では，インターンシップ学生が活躍し，誠実な課長や先輩女性社員などの人物も登場するが，以下では大幅に省略して概要を紹介する。

> H社は，A社の自動車のエンジン制御装置を作っているB社の下請け企業である。制御装置はマイクロプロセッサを搭載したハードウェア基板と，マイクロプロセッサ上で動作するコンピュータープログラムで構成される。H社の青柳社長は，ある日，B社から，ブレーキ操作で異常加速するトラブルがあるため，緊急で制御装置を調べて欲しいと要請される。その装置を作成したのはH社ではないが，B社から依頼されれば下請け企業として引き受けざるを得ない。与えられた調査期間の最終日になって，ソフトウェアエンジニアの山口氏のチームは，プログラムの不具合を発見した。しかし，H社内のミーティングにおいて，プログラムソースコードのうち全体の2割ほどまだチェックできていないことを同僚から暴露された山口氏は，この期間で全部チェックするのは無理だと不満をぶちまける。
>
> 青柳社長は，B社に対して「全てはチェックできませんでした」と報告するか，それとも「修正できました」とだけ報告するかを悩んでいる。できませんでしたと報告すれば，B社からの信用を失って今後仕事を回してもらえなくなる可能性がある。しかも，発売されている最新型の自動車にはこの制御装置が搭載されているのだ。

---

*13　https://www.jsee.or.jp/about/history/teaching-materials

> なぜA社での自動車の走行テストで不具合が見つからなかったのか
> と嘆く青柳社長はこれからどうするだろうか。

　青柳社長がB社に対して正直に報告するか，それとも都合のよい点だけを報告するかは，どういう価値判断をするかのジレンマである。ソフトウェア開発には納期があるので，納期に遅れると多額の損害賠償を請求される可能性がある。一方で不具合がまだ多く存在するとわかっている状態でそれを隠して出荷することは技術者としての倫理に反するだろう。こういった状況に直面したときにどのような行動をとるべきだろうか。章末の研究課題に書いたテーマで考えてみよう。

2. 情報セキュリティ人材育成

2.1 政府の情報セキュリティ対策整備

　日本政府は，2000年（平成12年）に制定されたIT基本法（高度情報通信ネットワーク社会形成基本法）に基づき，IT戦略本部（高度情報通信ネットワーク社会推進戦略本部）を設置した。本部長は内閣総理大臣である。IT基本法に基づいて，日本が5年以内に世界最先端のIT国家となることを目標とする政府のIT戦略「e-Japan戦略」が策定されている。具体的には，ネットワークインフラの整備，電子商取引ルールの整備，電子政府の実現，人材育成の強化の4項目が目標とされたが，セキュリティについてはまったく不十分であった。そこで，2005年にこの本部のもとに，情報セキュリティ政策会議（議長は内閣官房長官）と情報セキュリティ対策推進室（現**内閣サイバーセキュリティセンター**：**NISC**）が設置されて，「情報セキュリティ立国」を目標として各種のセキュリティの対策が進められてきた[14]。2014年には，それまでのIT基本法に代えて**サイバーセキュリティ基本法**が可決・成立し，サイバー

---

[14] http://www.nisc.go.jp/

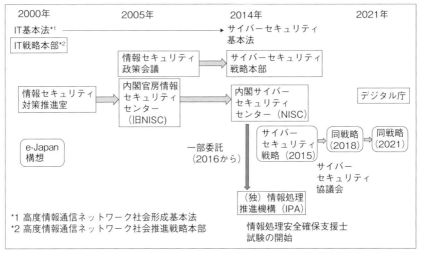

図13-2　日本政府のサイバーセキュリティ体制整備

セキュリティ戦略が作成されて，3年ごとに見直されている。これにより，NISCは各省庁の情報セキュリティポリシーの運用状況を監査する権限を持つなど，その機能が大幅に強化され，人員も増強された[7]。

　NISCから一部業務を委託された独立行政法人情報処理推進機構（IPA）では，情報処理技術者試験の中の試験種目として，新たに情報処理安全確保支援士試験を整備した。

　NISCでは，一般向けには，2月1日から3月18日をサイバーセキュリティ月間（2013年度までは情報セキュリティ月間）として定め，普及啓発活動を重点的に推進している。また，総務省でも，「国民のための情報セキュリティサイト」を開設し，情報セキュリティの基礎知識から，一般利用者だけでなく，企業・組織における対策をわかりやすく掲載している*15。

　サイバーセキュリティ戦略が効果的に実施されてきたかについては議

＊15　http://www.soumu.go.jp/main_sosiki/joho_tsusin/security/

論の余地があるが，2020年の新型コロナウィルス感染症の対応でいろいろな弱点が明らかになった。これを転換点として，企業等での業務のデジタル・トランスフォーメーション（DX）化の流れも急速に進展し，大学でのオンライン講義や，小中学生への1人1台の端末配布が一気に進んだ。政府も2021年9月にデジタル庁を設置するに至っている。

2.2　国による人材育成

　情報セキュリティを確保するためには，専門知識を持つ人材を育成する必要がある。情報セキュリティ関連の企業においては，その人材育成は主に社内での研修とOJT（On the Job Training）によって行われていると思われるが，ここではまず，国立研究開発法人**情報通信研究機構**（**NICT**）が実施している人材育成プログラムについて見ておく。

　NICTでは，2015年のサイバーセキュリティ戦略に基づいて，サイバー防御演習**CYDER**を開始した。この演習では，「組織がサイバー攻撃を受けたことを想定し，インシデント発生から事後対応までの一連の流れを，パソコンを操作しながらロールプレイ形式で体験」できる[16]。初心者向けのコースと，管理者・運用者向けのコースがあり，ともに1日の集合研修形式で実施されている。

　NICTは，さらに2017年にナショナルサイバートレーニングセンターを開設して人材育成業務を拡充し，若手セキュリティイノベーター育成プログラム**SecHack365**も開催している。このプログラムは次のように説明されている[17]。

　「25歳以下の学生や社会人から公募選抜する40名程度の受講生を対象に，サイバーセキュリティに関するソフトウェア開発や研究，実験，発表を一年間継続してモノづくりをする機会を提供する長期ハッカソンです。全国の一流研究者・技術者や受講生等との交流をする中で，自ら手

＊16　https://cyder.nict.go.jp/about/

＊17　https://sechack365.nict.go.jp/document/

を動かし，セキュリティに関わるモノづくりができる人材（セキュリティイノベーター）を育てます。」

　第一線のサイバーセキュリティ技術の研究者がトレーナーとして，1年間かけて受講生のモノづくりを指導するところに特徴がある。2020年度には20名のトレーナーに加えて，このプログラムの修了生5名がアシスタントとして参画している。

2.3　高等教育機関（高等専門学校・大学・大学院）での人材育成

　2007年度から文部科学省の「先導的 IT スペシャリスト育成推進プログラム」に基づいた実践的な大学院教育が，企業の協力も得て2つの拠点で行われてきた*18。この中の IT Keys プロジェクトと ISS スクウェアプロジェクトでは，情報セキュリティの人材育成拠点の形成を目的としている。セキュリティ技術のみならず，国家レベルや国家間での情報セキュリティ政策やそれに対して個々の組織に求められる情報セキュリティ対策，各種の情報セキュリティ対策に関連した法律・倫理も授業内容に含まれている。

　先導的 IT スペシャリストのプログラムを継続する形で，2012年度から同省の「情報技術人材育成のための実践教育ネットワーク形成事業」（**enPiT**：Education Network for Practical Information Technologies）が開始された*19。enPiT では，クラウドコンピューティング，セキュリティ，組込みシステム，ビジネスアプリケーションの4つの分野を対象として，世界に通用する実践力を備えた人材を育成することをめざしている。セキュリティ分野については，技術者にとどまらず，**CIO**（Chief Information Officer）/**CISO**（Chief Information Security Officer）や教員の養成も目指している。「セキュア社会基盤論」の科目のシラバスは次のように書かれている。

---

*18　http://grace-center.jp/education/programs/prj_kyozai

*19　http://www.enpit.jp

> 　情報セキュリティに関する法律，経済，経営その他の社会基盤に関する基礎的な知識を習得すると同時に，情報セキュリティにかかわる具体的な問題を解決する手法を実際のインシデントに基づくケースやデータベースを利用しながら習得することをねらいとします。情報資産が入っているパソコンの盗難，個人情報の漏洩，プライバシーにかかわる情報の利活用などの具体的なインシデントや事例を想定し，これらに対してどのような法律の規定が適用され，先行事例に対してどのような判決が下されたのか。どのようなリスクがありどのようにマネジメントすることが可能か等（以下略）

　もともとは大学院での教育であったが，2017年度からは，大学院の教育は継続するものの，学部3・4年生を主な対象に変えている。また，クラウドコンピューティング分野をビッグデータ・AI分野へ変更し，「ビッグデータ処理技術・人工知能技術・クラウド技術を用いて社会の具体的な課題を解決できる人材の育成」をめざすものとした。ビジネスアプリケーション分野もビジネスシステムデザイン分野に名称変更し，内容としてIoT（Internet of Things）も追加している。

2.4　独立行政法人情報処理推進機構（IPA）での取り組み

　IPAでは，2004年度から**セキュリティ・キャンプ**を実施している[20]。2007年からは受講対象者を22歳以下の学生・生徒に絞って，「情報セキュリティに関する高度な教育を実施することで，技術面のみならずモラル面，セキュリティ意識，職業意識，自立的な学習意識等の向上を図り，日本における次代を担う情報セキュリティ人材の発掘と育成を目的」としている。実際に開催の実務を行う一般社団法人セキュリティ・キャン

---

[20]　https://www.ipa.go.jp/jinzai/camp/

プ協議会には，2021年9月時点で51社の企業・団体が協賛しており，夏のキャンプでは，セキュリティ業界の第一線技術者が教えている*21。

IPAでは，経済・社会を支える重要インフラや産業基盤に対するサイバー攻撃に対応するために，2017年に産業サイバーセキュリティセンターを設置している。ここでは，「中核人材育成プログラム」「責任者向けプログラム」「実務者向けプログラム」「管理監督者向けプログラム」の4つのプログラムを提供している*22。

2.5　その他の取り組み

NPOが積極的に活動していることはぜひ覚えておきたい。例えば，最大手の日本ネットワークセキュリティ協会（JNSA）は，2019年9月時点で256社の企業会員を抱えており，セキュリティコンテスト**SECCON***23をはじめとして各種の活動を活発に行っている。SECCONでは，情報システムに対する攻撃と防御の訓練として，いわゆる旗取りゲーム（**CTF**：Catch The Flag）を全国で開催している[8][9]。

情報セキュリティ研究所（RIIS）は，和歌山県，同県警察本部，和歌山大学など産学官の協力のもとに，毎年「サイバー犯罪に関する白浜シンポジウム」を開催するほか，実践的なインシデントへの対応力を養成するための情報危機管理コンテストも実施している*24。

そのほか，デジタル・フォレンジック研究会，情報セキュリティフォーラム（ISEF），新潟情報セキュリティ協会などの活動団体がある。

3.　まとめ

技術者としての倫理の考え方と情報技術者として留意すべき点について整理し，情報セキュリティ人材教育の現状を紹介した。技術者倫理は

---

*21　https://www.security-camp.or.jp/
*22　https://www.ipa.go.jp/icscoe/activities/
*23　https://www.seccon.jp/
*24　http://www.riis.or.jp/

難しいことと思われたかもしれない。しかし，内部告発のような苦しいことを最後の手段として，日頃からすべきことを普通に実行することで，技術者が誇りを持って社会のニーズに応える仕事をすることが大切である[10]。次のコラムでこの章のしめくくりとする。

　ある半導体製造装置会社のエンジニアは，製造装置の生産性を高めるための組み込みソフトウェアを開発した。これにより，半導体の不良品発生率が4分の1以下まで低減でき，顧客からとても感謝された。そのエンジニアは，米国出張中のある日，各地を飛び回っているフィールドサービスのジョンから電話を受け，ホテルで会うことになった。またいつもの厳しい苦情かと覚悟していると，ホテルに現れた彼からは次の言葉だった。

　「私には小さい子供が生まれたばかりだ。これまで装置のトラブルフォローで忙しくて，なかなか家族に会えなかった。この新製品のおかげでトラブルが減少し，家族と一緒にいる時間がとても増えて感謝している。どうもありがとう。」

出典：守屋剛，企業における技術者倫理教育の現状と考察，p.62，日本工学教育協会第12回ワークショップ「技術者倫理」（2012年）

研究課題

1）「日本技術者教育認定基準（ソウル協定対応プログラム用）」の解説部分を読み，(a)地球的視野，及び(b)技術者倫理についてどのようなことが求められているか調べてみよう。

2）三菱自動車リコール隠し事件の調査報告書では，企業文化にも深刻な欠陥があったと書かれている。企業文化とは何か，またその文化のどのようなところに欠陥があったと考えられるか。

3）チャレンジャー号爆発事件について，Wikipedia などを参照してボジョリーが燃焼ガス漏れの事実を把握した当時から経緯を追い，各段階で自分がその立場であればどのような行動をしたか考えてみよう。できれば数人のグループで討論することが望ましい。

4）チャレンジャー号爆発事件，あるいは，別の倫理的判断が求められる事件について，セブンステップガイドの手法を応用してみよう。

5）技術的逸脱の常態化は，言い換えると規範の空洞化である。いくつかの技術に関わる事故について，これが原因の一つになっていないか調べてみよう。

6）自分の関係する学会・協会の倫理綱領や，企業の行動規範では，守秘義務と情報開示の関係についてどのように規定しているか調べてみよう。

7）1.8節のソフトウェア開発における仮想事例について，青柳社長の立場だけでなく技術担当者としての立場でも，できればグループで議論しながら考えてみるとよい。その際，1.4節で紹介したセブンステップガイドを用いて，具体的に文章化して整理することをお勧めする。

参考文献

［１］札野順（編）『新しい時代の技術者倫理』（放送大学振興会，2015年）

［２］サラ・バーズ，日本情報倫理協会（訳）『IT社会の法と倫理第2版』（ピアソン，2007年）

［３］澤岡昭「衝撃のスペースシャトル事故調査報告—NASAは組織文化を変えられるか」（中央労働災害防止協会，2004年）

［４］ジェイムズ・リーズン，塩見弘監（訳）『組織事故』p.222（日科技連，1999年）

［５］デイジョージ，永安幸正・山田経三（監訳）『ビジネス・エシックス』，第10章（明石出版1995年（原題 Business Ethics，1989））

［６］黒田光太郎，戸田山和久，伊勢田哲治『誇り高い技術者になろう第2版—工学倫理ノススメ』p.18（名古屋大学出版会，2012年）

［７］谷脇康彦『サイバーセキュリティ』p.100-104（岩波新書，2018年）

［８］猪俣敦夫『サイバーセキュリティ入門：私たちを取り巻く光と闇』p.214-219（共立出版，2016年）

［９］松原実穂子『サイバーセキュリティ：組織を脅威から守る戦略・人材・インテリジェンス』p.157-165（新潮社，2019年）

［10］北條孝佳，鳥越真理子，萩原健太，伊藤太一，山岡裕明『経営者のための情報セキュリティQ&A45』p.70-80（日本経済新聞社，2019年）

14 | 高等教育・生涯学習における情報セキュリティ教育

中西通雄

《**本章のねらい**》　日本では，初等中等教育段階における情報科学の教育が新しい学習指導要領によって充実される方向にある。本章では，まず高等学校での情報セキュリティに関する教育内容を確認し，次に大学等の高等教育で学習すべき知識体系における情報セキュリティの学習内容を見る。最後に，生涯学習としての情報セキュリティに関連する教育活動を，その対象者ごとに分けて紹介する。

《**キーワード**》　高校の教科「情報」，大学での情報セキュリティ教育，生涯学習

　情報セキュリティの技術を開発・運用する側の人に倫理観が必要であることを第7章と第13章で学んだ。利用する側の人に倫理観が欠けていれば，情報システムのセキュリティ技術が進歩しても，システムに脆弱性が生じる。したがって，情報セキュリティ教育には情報倫理の教育が欠かせない。本章では，情報倫理についても触れながら，情報セキュリティ教育を見ていく。

1. 高校における情報セキュリティ教育

1.1 「情報の科学」

　高等学校設置基準により，高等学校の学科は，(1)普通教育を主とする学科，(2)専門教育を主とする学科，(3)普通教育及び専門教育を選択履修

を旨として総合的に施す学科の３つに分類される。2003年度から始まった普通教科「情報」は，2013年度から実施された学習指導要領で共通教科情報となった。共通教科とは，⑴⑵⑶の３つの学科に共通するという意味である。共通教科情報には，**「情報の科学」** と **「社会と情報」** の２科目が配置され，どちらか１科目が必履修である。すなわち，どちらかの内容をすべての高校生が共通に履修する*1。

　情報セキュリティに関する内容は両科目に含まれているが，ここでは「情報の科学」における内容を見ておく。「情報の科学」の教科書は５社から合計８種類が出版されており，いずれも情報セキュリティについて数ページ程度の説明がある。中でも数研出版の「改訂版　情報の科学」では，情報セキュリティについて14ページが割かれており，次の構成となっている*2。

　１．情報セキュリティ
　　　CIA，ユーザ認証，パスワード，アクセス制御，ファイアウォール

　２．セキュリティ対策のための情報技術
　　　簡単な暗号の作成方法，共通鍵暗号，公開鍵暗号，ディジタル署名，ディジタル証明書，セキュリティ対策ソフトウェア，通信履歴と利用記録

　３．コンピュータウィルス
　　　マルウェアとコンピュータウィルス，ウィルス対策ソフトウェア

＊１　ただし，上記⑵の専門教育の学科においては，その専門の教科・科目を履修することによって共通教科「情報」を履修したことと同様の成果が期待できる場合は，その専門学科の教科・科目をもって替えることができる。例えば，工業高校では，教科「工業」の科目「情報技術基礎」で，商業高校では教科「商業」の科目「情報処理」で代替されている。

＊２　平成29年１月発行分の教科書（情科309）で確認。

4．情報の流出とサイバー攻撃
　㋐情報の流出：クラッキング，スパイウェア，ソーシャル・エン
　　ジニアリング，スキミング，クッキーの悪用
　㋑サイバー攻撃：ウェブサイトの改ざん，DoS 攻撃
　㋒情報セキュリティポリシー

　この中には，「パスワードの使いまわしの危険性」，「ファイル共有ソフトウェアの問題」などのコラムも含まれている。なお，この情報セキュリティの部分を含む「情報社会と情報モラル」という全50ページの章は，ほかに情報格差，サイバー犯罪，ネットトラブル，著作権，個人情報などから構成されており，章全体として充実した記述内容となっている。

1.2 「情報Ⅰ」

　2022年度から実施される新学習指導要領では，これまでの「情報の科学」と「社会と情報」が必履修科目「情報Ⅰ」として統合され，さらに発展的な科目として選択科目「情報Ⅱ」が設定されている。
　「情報Ⅰ」の内容は，情報の科学的な理解が中心とされており，これまでの「情報の科学」の内容がほぼ引き継がれる。新学習指導要領には，情報セキュリティに関して次の3つが書かれている。
- 情報に関する法規や制度，情報セキュリティの重要性，情報社会における個人の責任及び情報モラルについて理解すること。
- 情報通信ネットワークの仕組みや構成要素，プロトコルの役割及び情報セキュリティを確保するための方法や技術について理解すること。
- 目的や状況に応じて，情報通信ネットワークにおける必要な構成要

素を選択するとともに，情報セキュリティを確保する方法について
考えること。

　法規やマナーといった社会との関係を学び，「情報社会に主体的に参
画する態度を養う」ことが目標である点は現行の（2021年度までの）学
習指導要領と同様であるが，情報セキュリティに関する技術の仕組みを
理解することが新しく追加されている。2021年3月時点では新学習指導
要領に沿った教科書がまだ出版されていないので，文科省から開示され
ている「情報Ⅰ」教員研修用教材を参照すると，次のようなキーワード
が現れている[3]。

　サイバー犯罪，セキュリティのCIA，真正性，責任追跡性，信頼性，
　否認防止，コンピュータウィルス，ファイアウォール，情報セキュリ
　ティポリシー，ソーシャル・エンジニアリング，無線LANの認証方
　式と暗号化方式の名称，使い易さとセキュリティの強さのトレードオ
　フ，個人認証，ディジタル署名，暗号化

1.3 「情報Ⅱ」

　「情報Ⅱ」の学習指導要領では，情報セキュリティ及び情報に関する
法規や制度に触れることだけが書かれていて，セキュリティのキーワー
ドは1回出現しているだけである。しかしながら，「情報Ⅱ」教員研修
用教材では，情報システムにおける情報セキュリティの確保に重点が置
かれており，次のような内容が書かれている[3]。

　情報システムのセキュリティ関連トラブル例，暗号化による情報流出
　の防止，ファイヤウォール，プロキシー，ポート番号，DMZ，個人
　認証，アクセス制御，ネットワークのセグメント化

つまり，情報システムの技術的な仕組みを理解した上で，どのように情報セキュリティを確保するかの基本を学ぶようになっている。

1.4 専門教科としての科目「情報セキュリティ」

高校の教科情報には，共通教科情報のほかに専門教科情報がある。この専門教科情報を教える学科が「情報に関する学科」であり，高等学校設置基準に規定されている「専門教育を主とする学科」の一つである。全国で30弱の学科が，情報科学科や情報理数科などの名称で設置されている。

現行の学習指導要領では，専門教科情報は，「情報産業と社会」をはじめとして，「ネットワークシステム」，「データベース」など合計13科目で構成されている。情報セキュリティに関する学習内容は「ネットワークシステム」の科目を中心として，いくつかの科目にも分散して存在している。2022年度からの新学習指導要領では，合計12科目に再編されたが，その中に科目として「情報セキュリティ」が新たに配置された[2]。この科目では，次のとおりの指導項目が指定されている。

(1) 情報社会と情報セキュリティ

    ア　情報セキュリティの現状

    イ　情報セキュリティの必要性

(2) 情報セキュリティと法規

    ア　情報セキュリティ関連法規

    イ　情報セキュリティ関連ガイドライン

(3) 情報セキュリティ対策

    ア　人的セキュリティ対策

    イ　技術的セキュリティ対策

    ウ　物理的セキュリティ対策

⑷　情報セキュリティマネジメント
　　ア　情報セキュリティポリシー
　　イ　リスク管理
　　ウ　事業継続

　指導項目だけではわかりにくいが，学習指導要領解説によれば，技術に関しては主に⑴と⑶で扱うよう説明されている[2]。また，⑴のアでは，情報セキュリティの3要素として，**機密性**，**完全性**，**可用性**に加えて，**否認防止**を含む**責任追跡性**，**真正性**，**信頼性**についても扱うことになっている。⑵にあるように，セキュリティに関連する法規や個人情報保護に関連する法規や知的財産権に関連する法規なども扱う。また，セキュリティ技術についての実習を取り入れることになっている。

> コラム：スーパー・プロフェッショナル・ハイスクール
> 　文部科学省では，2002年から，科学技術や理科・数学教育を重点的に行う高校を「スーパーサイエンスハイスクール（SSH）」として選定して予算配分している。一方，専門高校等における教育振興策として，2014年度から2020年度まで「**スーパー・プロフェッショナル・ハイスクール（SPH）**」のプログラムが実施された。これは，高度な知識・技能を身に付けて社会の第一線で活躍できる専門的職業人の育成を図るものであり，合計48校の専門高校が選定された。情報科で選定された3校のうち京都府立京都すばる高校情報科学科は，産官学連携による情報セキュリティ人材育成プログラム開発に取り組んだ。情報処理推進機構（IPA），株式会社ラック，京都府警察本部サイバー犯罪対策課，京都大学学術情報メディアセンターおよび立命館大学情報理工学部と連携して，セキュリティ技術の学

習だけでなく，倫理感と職業観の育成も含むバランスのとれた教育
プログラムが実践された。今後も，情報の専門高校での同様な取り
組みを期待したい。詳細は，成果発表会資料を参照いただきた
い[4]。

2. 高等教育における情報セキュリティ教育

2.1 一般情報教育における情報セキュリティ教育

一般情報（処理）教育の検討経緯

　高等教育は初等中等教育に続く学修課程であり，大学，高等専門学校，
専門学校などをさす。ここでは，大学での課程について述べる。情報処
理学会では，大学における**一般情報教育**という言葉を，「情報を専門と
しない学部学科での情報教育」，あるいは「すべての学部学科における
情報教育」という意味で用いている。日本では1990年頃から一般情報教
育（当時は**一般情報処理教育**と呼んでいた）が注目されるようになり，
情報処理学会は，当時の文部省から「一般情報処理教育の実態に関する
調査研究」の委託を受けた。この研究の1992年の報告書では，一般情報
処理教育は，(1)コンピュータリテラシー教育，(2)プログラミング教育，
(3)情報科学教育の3つの柱をバランスよく取り上げて実施することが肝
要とされた[5]。いわゆるワープロ・表計算・プレゼンテーションを中
心とした技能教育ではなく，2022年度から始まる高校での「情報I」の
内容とほぼ同じ方向の提言であったことは，先見の明があったと言えよ
う。

情報のカリキュラム J97とJ07

　情報処理学会は，1997年度に情報を専門とする学科の標準カリキュラ

ム **J97**を策定し，10年後にその内容を更新した **J07**を作成した。この
J07は，米国のコンピューター学会（**ACM**：Association for Computing
Machinery）と電気電子学会（**IEEE**：Institute of Electrical and
Electronics Engineers）が共同で作成した Computing Curricula 2005を
参考にしていた。

J07版に組み込まれた一般情報（処理）教育の知識体系（GEBOK）

　2006年度には，高校で2003年度から開始された教科「情報」を学修し
た生徒が大学に入学してきたが，教科情報の教育を実質的に受けていな
い生徒や，ワープロ・表計算などのソフトウェアの操作技能のみを学ん
できた生徒の存在が明らかになっていた[*3]。この実態をふまえて，情
報処理学会では，J07の中に「一般情報（処理）教育の知識体系
（**GEBOK**：General Education Body of Knowledge)」を含めた。同学
会の一般情報教育委員会では，GEBOK を2単位科目×2以上をかけて
学修するものとし，2つの中核となる2単位科目「情報とコンピュー
ティング」と「情報とコミュニケーション」（後年，「情報と社会」に改
題）のモデルシラバスを作成して，その教科書を出版した。くしくも，
2013年度から実施された高等学校学習指導要領では，教科情報の3科目
が，「情報の科学」と「社会と情報」の2科目へ再編されている。

　J07の中の GEBOK は，全部で10のエリアで構成されている。その詳
細は省略するが，「情報倫理とセキュリティ」のエリアは，次の6つの
知識単位を学ぶものとしている。(1)社会で利用される情報技術，(2)イン
ターネット社会における問題，(3)情報発信のマナー，(4)知的財産権・個
人情報・プライバシー，(5)情報セキュリティ，(6)パソコンのセキュリ
ティ管理（それぞれ1時間で(5)のみ2時間)[6]。

　しかしながら，多くの大学では初年次教育として2単位の1科目を開

＊3　高下義弘「実態は『町のパソコン教室』以下」，日経クロステック（2005）
　　https://xtech.nikkei.com/it/free/NC/TOKU2/20050329/1/

設しているだけで，しかもそれがワープロ・表計算の技能習得を中心と
した教育に終始しており，情報科学的な教育は軽視される傾向が続い
た。

J17版の一般情報教育の知識体系（GEBOK）

　J07が作成されてさらに10年が経過し，2017年度に情報専門学科の標
準カリキュラム **J17**が作成された。この一部として含められた GEBOK
についても細かな改訂がされている。情報セキュリティについては，

表14-1　J17版 GEBOK における情報セキュリティの知識ユニット

	知識ユニット名	おもなキーワード
1	社会で利用される情報技術	大学の情報システム，社会の情報システム，社会基盤としての情報システム，個人認証，家庭でのブロードバンド接続環境，無線 LAN
2	インターネット社会における脅威	個人情報流出，社会基盤の情報システムの停止影響，人工知能・クラウドなどの誤用・悪用による影響
3	情報セキュリティ	情報の CIA，セキュリティリスク
4	情報セキュリティ技術	暗号化，PKI，電子証明書，電子署名，ブロックチェーン，個人認証，ウィルス対策，ファイアウォール，システム冗長化
5	セキュリティ管理	ウィルス対策，ソフトウェア更新，無線 LAN の利用と管理，暗号化，VPN，メールや Web のセキュリティ，情報セキュリティポリシー，情報フィルタリング，情報公開範囲，PC の売却・廃棄
6	サイバーセキュリティ	不正アクセス，フィッシング，迷惑メール，マルウェア，ネットオークション詐欺，ハッカーによる攻撃，産業インフラのリスク，サイバー攻撃，ディジタルフォレンジック，サイバーセキュリティ基本法，不正アクセス禁止法

J07では「情報倫理とセキュリティ」という一つのエリアで扱われてい
たが，扱うべき内容及び対象が増えてきたことに対応して，J17では「情
報セキュリティ」と「情報倫理」の2つのエリアに分割された。前者の
「情報セキュリティ」は，表14-1のとおり6つの知識ユニットで構成
され，合計5時間の学習時間が想定されている。

　この内容を見る限り，高校の「情報Ⅰ／Ⅱ」における情報セキュリ
ティ関連の学習項目とあまり差はない。ただし，大学生になって成年に
なることや，生活様式や考え方が変わることを考慮すると，たとえ高校
での学習内容と一部が重複しても，この情報セキュリティに関する教育
は必須である。

情報倫理のビデオ教材

　情報セキュリティの学習においては，技術だけでなく，法令や倫理も
一緒に学ぶ必要がある。言い換えると，情報倫理教育の内容としては，
法と倫理のほかに技術も含めた3つを柱とするのが適切である。ここで
はその具体的な授業内容には触れずに，ビデオ教材を紹介するにとどめ
る。

　大学ICT推進協議会（AXIES）
では，情報倫理教育に関する教材
として「情報倫理デジタルビデオ
小品集」を継続的に作成してきて
いる。2021年度末時点での最新版
は「小品集8」である。各小品集
とも，おおむね，(1)セキュリティ
に関するもの（パスワードの重要
性，多要素認証，ランサムウェア，

Wi-Fi 利用時の注意)，(2)法制度に関するもの（著作権，肖像権，個人情報など），及び(3)マナー（メール作法，メディアの見方など）の3つの柱で構成されている。小品集7と小品集8の2つで，合計36のストーリーが収録されている。サンプル動画が公開されているので，一度ご覧いただきたい*4。

倫倫姫の情報セキュリティ教室

2012年度から国立情報学研究所において，オンライン教材「倫倫姫と学ぼう！情報倫理」が公開されている。この教材は，大学等で定める情報セキュリティポリシーの雛形

となる「高等教育機関の情報セキュリティ対策のためのサンプル規程集」に準拠しており*5，日本語，英語，中国語，韓国語の多言語で提供されてきた。100を超える大学等で利用されてきたが，従来から提供されている「ヒカリ&つばさの情報セキュリティ3択教室」と統合されて，2020年度から「倫倫姫の情報セキュリティ教室」として生まれ変わった。扱われている内容は，電子メールの書き方，IDとパスワードの管理，著作権，Wi-Fiの安全な利用，チート行為やサイバー犯罪，情報機器取り扱いとリモートワーク，電子メールやSMSによる詐欺などである。この教材は，学術認証フェデレーションに加盟している大学等では無償でオンラインアクセスできる*6。

2.2　専門教育としての情報セキュリティ教育

情報を専門とする学部・学科におけるセキュリティ科目で扱われる知

---

* 4　https://www.datapacific.co.jp/u-assist/contents/mrl010_7.html
* 5　https://www.nii.ac.jp/service/sp/
* 6　https://www.nii.ac.jp/service/rinrinhime/

識項目は，基本的には GEBOK で挙げられた項目とあまり大差はない
が，個々の内容の扱いが深くなるとともに幅も広がる。また演習が含め
られることもある*7。

　放送大学においては，オンライン授業科目「情報ネットワークセキュ
リティ（'19）」があり，そのシラバスには，ビットコインの原理，情報
セキュリティを維持するためのマネージメント手法，個人を識別できな
いように情報を匿名加工する技術，などのセキュリティの専門技術も含
まれており，後述する SecBoK も意識された内容となっている。倫理に
関することはシラバスには記載されていないが，それを補うものとして，
放送大学ではテレビ科目「新しい時代の技術者倫理（'15）」などが開講
されているので，併せて学習することをお勧めする。

セキュリティ知識分野（SecBoK2019）

　情報セキュリティに関する知識体系としては，NPO 法人日本ネット
ワークセキュリティ協会（JNSA）において2003年から策定されてきた
「情報セキュリティスキルマップ」があり，2007年，2009年，2016年に
改訂されてきた。この内容はスキル中心であり，現実のセキュリティの
問題に対応するためにはマネージメント分野などが不十分であるとの認
識が高まってきたため，2019年に改訂された。この改訂版では，ロール
（権限許可者，インシデント対応者，サイバー犯罪捜査員など16種類の
役務）ごとのタスク（例えば，システムの許容限度の設定，インシデン
トの検出・追跡・報告，容疑者に対する尋問などの作業内容）を整理し
て，**スキル**と**ロール**と**タスク**の３本柱で人材を育成する体系となってい
る*8。

　上述のとおり，大学の情報専門教育の知識体系J17における情報セ
キュリティについては，この考え方が一部取り入れられている。また，

＊7　国立高等専門学校機構では「サイバーセキュリティ人材育成事業 K-SEC」
　　が行われているが，紙面の都合からここでは触れない。

＊8　https://www.jnsa.org/result/2018/skillmap/

セキュリティキャンプなどでのセキュリティ人材育成にも SecBok2019 が少しずつ取り入れられている。

演習系の科目を含むカリキュラム

　情報セキュリティの専門教育としては，本科目第13章で紹介した enPiT の中のセキュリティ分野（enPiT2-Security）で行われている実践的人材育成コース Basic SecCap が代表といえよう。Basic SecCap は，学部3年生を主な対象としており，図14-1　Basic SecCap のカリキュラムに示すとおり，基礎科目，専門科目及び演習科目と先端演習科目で構成されている。

　基礎科目は，情報理論，コンピュータアーキテクチャ，アルゴリズム，プログラミング，オペレーティングシステムなどであり，たいていの情報系学科での開講科目と同様である*9。図14-1の右側に示すように到達目標によって3つのコースが用意されているが，いずれにも演習科目が含まれる。参加大学は PBL 演習科目を提供し（図14-2）*10，演習用の閉じたネットワーク環境を用意して実践的な演習を実施している。2020年度は新型コロナ感染防止のため主にオンライン形式で実施された

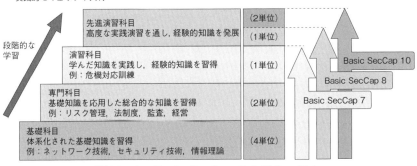

図14-1　Basic SecCap のカリキュラム

＊9　https://www.seccap.jp/basic/seccap_curriculum.html

＊10　https://www.seccap.jp/basic/seccap.html

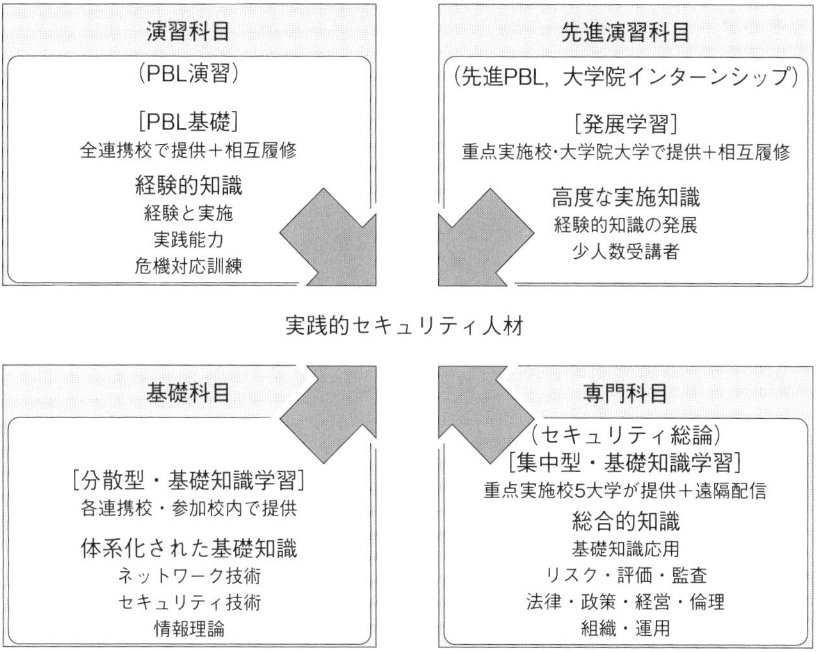

演習科目	先進演習科目
（PBL演習）	（先進PBL, 大学院インターンシップ）
[PBL基礎] 全連携校で提供＋相互履修	[発展学習] 重点実施校・大学院大学で提供＋相互履修
経験的知識 経験と実施 実践能力 危機対応訓練	高度な実施知識 経験的知識の発展 少人数受講者

実践的セキュリティ人材

基礎科目	専門科目
	（セキュリティ総論）
[分散型・基礎知識学習] 各連携校・参加校内で提供	[集中型・基礎知識学習] 重点実施校5大学が提供＋遠隔配信
体系化された基礎知識 ネットワーク技術 セキュリティ技術 情報理論	総合的知識 基礎知識応用 リスク・評価・監査 法律・政策・経営・倫理 組織・運用

図14－2 enPiT-Security の実践的人材育成コース＊10

が，SecCap の修了者は200名を超えたとのことである。

コラム：消費者教育

　消費者教育の推進に関する法律が2012年に施行され，学校教育や社会教育での消費者教育が推進されてきた。小中校の新しい学習指導要領でも消費者教育を扱うことを記載している。2022年4月1日からは，民法上の成年年齢が20歳から18歳に引き下げられて，18歳・19歳の人は保護者の同意なしに契約などができるようになり，未成年者取消権が認められなくなる。そのため消費者庁は，文部科学省，金融庁，法務省と連携して，消費者教育を進めている。とく

にスマートフォンを利用して簡単に契約ができる時代になっていることから，マルチ商法，情報商材（ネットでの副業，投資話，ギャンブル），定期購入（1回だけのつもりが定期的な購入契約）などにひっかからないように，注意喚起している*11。

初等中等教育においては，従来から「情報モラル」教育で情報セキュリティが扱われてきた。消費者教育の内容のうちインターネットに関わる部分は，情報セキュリティと関連させて扱うのが適切であろう。文科省は，大学に対して自主的判断としながら，消費者教育に関する授業科目の設置を推奨している。科目の設置が難しい場合は，一般情報教育の中で情報セキュリティに関連させてインターネットと社会との関わりのひとつとして扱うのがよい。

3. 生涯教育における情報セキュリティ教育

ここまでに見てきたように，高校でも大学でもすべての学習者が情報セキュリティに関する教育を受けるように制度が変わってきた。しかし，学校教育にも限界がある。また，情報セキュリティの教育を受ける機会のなかった大人もいる。学校教育の枠外では，様々な団体によって情報セキュリティに関連する活動が行われている。代表的なところでは，**情報処理推進機構（IPA）**があげられるが，そのほかにも一般社団法人セキュリティ対策推進協議会（SPREAD）及びSPREADの会員団体，あるいは都道府県の地域のコミュニティ活動などがあり，互いに協力しあっている。それらを網羅することは困難なので，ここではいくつかを見ていく。なお，啓発を目的とするものだけではなく，セキュリティ人材育成を目的とするものも含む。

---

*11　消費者教育の推進に関する基本的な方針（基本方針）
https://www.caa.go.jp/policies/policy/consumer_education/consumer_education/basic_policy/

3.1　小中高生向け教育

　小中高生には「情報モラル教育」が実施されており，文部科学省も動画教材や教員向けの指導手引きなどを提供している*12。こういった教材を活用した教育は，学校教育の外で小規模な任意団体で実施されているケースも多い。これらについてはここでは割愛し，情報処理推進機構の啓発活動と，人材育成を目的とした活動について紹介する。

情報処理推進機構の啓発活動

　情報処理推進機構では，「今こそ考えよう　情報モラル・セキュリティ」というオンライン学習サイトを提供している。ここには，対象者を小学生，中高生，指導者，一般の４つにわけて，ビデオや e-learning 教材が置かれている*13。

　これと一部重複するが，情報セキュリティの啓発ビデオ「映像で知る情報セキュリティ」を YouTube で公開している*14。2020年度末時点で，小学生向けから一般人あるいは中小企業のセキュリティ運用者向けまで，合計31個のビデオがある。

　「**インターネット安全教室**」は，小学生から一般（シニアも含む）を対象とした２時間程度のイベントであり，ビデオ視聴と講演・ワークショップなどで構成される。2004年から始められ，コロナ禍の2021年度も継続して全国で実施されている。

セキュリティ・ジュニアキャンプ

　情報処理推進機構は，セキュリティ人材育成として中学生を対象としたセキュリティ・ジュニアキャンプを2017年度から開催している。コンピュータサイエンスの基礎知識を有することが条件となっていて，与えられた事前問題に対して解答した参加希望者から20名が選考される。１

---

*12　https://www.mext.go.jp/a_menu/shotou/zyouhou/1368445.htm

*13　https://www.ipa.go.jp/security/keihatsu/imakoso/

*14　https://www.ipa.go.jp/security/keihatsu/videos/

泊2日の研修であり，2019年度の予定表を見ると，情報モラルの講話，Linuxとネットワークプログラミングの演習，産業制御システム攻防演習の3つで構成されている[15]。

picoCTF

中高生向けハッキングコンテスト picoCTF は，米国カーネギーメロン大学が主催しているもので，セキュリティ技術をゲーム感覚で学べる[16]。毎年1回2週間程度の期間で開催され，オンラインで競う。誰でも無料で参加できるが，基礎的な英語の読解力が必要である。2021年3月には，日本のIT会社がカーネギーメロン大学と提携して日本からの picoCTF への参加者だけを対象とした Cognitive Hack Japan というイベントを開催した[17]。日本の中高生の参加者は，Cognitive Hack Japan での表彰対象である。

3.2　一般向け教育

一般向けの情報セキュリティ教育は，国レベルから草の根レベルまで様々な組織が実施している。ここでは，活動のいくつかを例示しておく。なお，ここにセキュリティ人材育成を一部に含むので，3.3節の組織人向け教育との明確な境界線があるわけではない。

情報処理推進機構（IPA）での啓発活動

IPA では，前述した情報セキュリティの啓発ビデオなどのほかに，毎年，「**情報セキュリティ10大脅威**」を発表している[18]。情報セキュリティ分野の研究者，企業の実務担当者など約160名のメンバーが議論して，個人レベルの脅威と企業レベルの脅威をそれぞれ10個ずつ選定して

＊15　https://www.security-camp.or.jp/minicamp/kochi2019.html

＊16　https://picoctf.org/

＊17　https://cognitivehack-jp.cognitivectf.com/

＊18　https://www.ipa.go.jp/security/vuln/

いる。

　このほか，情報セキュリティ白書，関係法令ハンドブック*19，イン
ターネットの安全・安心ハンドブック，情報セキュリティハンドブッ
ク*20などを作成・公開するほか，IPA情報セキュリティ安心相談窓口
の運営なども行っている*21。この安心相談窓口は，情報セキュリティ
（主にウイルスや不正アクセス）に関する技術的な相談に対してアドバ
イスを提供している。

サイバーセキュリティ月間

　内閣サイバーセキュリティセンター（**NISC**：National center of
Incident readiness and Strategy for Cybersecurity）では，毎年2月1
日から3月18日までの期間をサイバーセキュリティ月間として定めてい
る*22。サイバーセキュリティについて国民の関心を高め，理解を深め
てもらうことを目的としており，いろいろな行事が行われる。2021年に
は，若年層をはじめとした幅広い層にサイバーセキュリティに対する関
心を持ってもらうために，テレビアニメの『ラブライブ！サンシャイ
ン！！』とタイアップしてポスターやWebページのバナーなどが作成
されて話題になった*23。

地域セキュリティコミュニティ

　経済産業省では，公的機関，教育機関，地元企業，地元ベンダー等，
地域のセキュリティ関係者が相談や意見交換を行うためのセキュリティ
コミュニティ（地域SECUNITY）を形成するように支援し，コミュニ
ティの形成・運営のためのプラクティス集を公開している*24。このプ

---

*19　https://www.nisc.go.jp/security-site/law_handbook/
*20　https://www.nisc.go.jp/security-site/blue_handbook/
*21　https://www.ipa.go.jp/security/anshin/
*22　https://www.nisc.go.jp/security-site/month/
*23　https://www.nisc.go.jp/security-site/month/lovelive.html

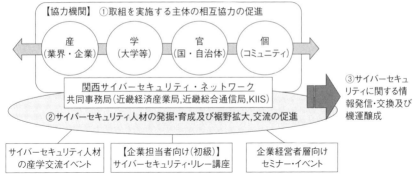

図14-3　関西サイバーセキュリティネットワークの体制*25

　ラクティス集を参照して，各地域のセキュリティコミュニティがどのような活動をしているか見ておくとよい。

　例えば，経済産業省近畿経済産業局では，図14-3のように産官学等の協力を得て「関西サイバーセキュリティ・ネットワーク」を組織し，サイバーセキュリティの啓発及び人材の発掘・育成の円滑化を図っている*25。

ネット安心アドバイザ

　警視庁及び各都道府県警察本部では，サイバーセキュリティ対策部署を置いて，サイバー犯罪への対応や情報セキュリティに関する啓発活動を行っている。その一例であるが，京都府警察本部では，「高校生，専門学校生，大学生，教職員，PTA 等を対象として，若者のネットモラル，ネットトラブル対応能力を向上させ，若者が関与するサイバー犯罪及び被害の防止を図る」ことを目的として，子どもに関わるネット問題などに対する啓発活動をしている団体・人を「ネット安心アドバイザ」として登録し，講演会や体験型講座を実施する取り組みを行っている*26。

＊24　https://www.meti.go.jp/press/2020/02/20210217001/20210217001.html

＊25　https://www.kansai.meti.go.jp/2-7it/k-cybersecurity-network/20181017k-cybersecurity-network-top.html

3.3　組織人向け教育

　情報セキュリティを担当する人材の育成については，第13章で紹介した。組織内の情報システムの一般利用者に対する教育は，3.2節の一般向け教育と重複する内容が多いが，特に組織内の秘密を守るための内容に重きをおく必要がある。例えば，企業においては製品開発の内容や企業戦略が，大学や研究機関においては研究データが守るべき対象となる。そのための基本となるものが，組織の情報セキュリティポリシーであり，組織の構成員（もちろんマネージメント層も含む）に対する教育の方法についてもポリシーで定めてあることが望ましい。

　組織における情報セキュリティの運用者に対する教育では，法令や倫理や監査についての基礎的な知識のほかに，セキュリティの技術も求められる。組織内でこういった教育あるいは研修を実施できればよいが，地方の市町村レベルでは予算面・人材面で難しい場合もある。情報処理推進機構では，企業の経営者・システム管理者・一般社員向けの各種教材を整理したサイトを用意している[27]。

　ここでは，実践的サイバー防御演習（CYDER）について紹介するにとどめる。

実践的サイバー防御演習（CYDER）

　CYDER は，総務省の実証実験として2013年に開始された。現在は国立研究開発法人情報通信研究機構（NICT）のナショナルサイバートレーニングセンターが実施しており，次のように説明されている。

　CYDER は，組織がサイバー攻撃を受けたことを想定し，「インシデント発生から事後対応までの一連の流れ」を，パソコンを操作しながらロールプレイ形式で体験できる演習です。経験豊富な講師・チュー

---

*26　https://www.pref.kyoto.jp/fukei/anzen/cyber/cyber13.html

*27　https://www.ipa.go.jp/security/kokokara/study/company.html

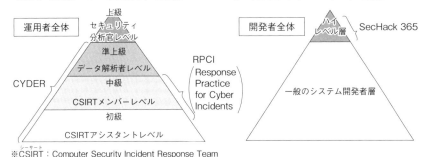

※CSIRT：Computer Security Incident Response Team

図14-4　ナショナルサイバートレーニングセンター
組織案内資料本編*28　p.2より

ターの親身なサポートを受けながら演習を進めるため，セキュリティの知識に自信が無い方も安心して受講いただけます。

組織のネットワーク環境を模擬した環境の下で，実際の機器やソフトウェアの操作を伴って，サイバー攻撃によるインシデントの検知から対応，報告といったインシデントハンドリングを一連の流れで体験することができます。

CYDERは情報セキュリティを運用する初級・中級の運用者を対象としてオンラインの予習と1日の集合研修で実施されており，2020年度末時点でのべ1万1千人以上が受講している[8]。

図14-4に示すように，NICTは上級向けのサイバーコロッセオや開発者向けのSecHack365も運営している。

このほか，セキュリティ監視を請け負う企業では，経営者層に情報セ

*28　https://cyder.nict.go.jp/assets/pdf/national_cyber_training_center_ 20211013.pdf

キュリティの重要性を理解してもらうために，パソコンに侵入されて情報を奪われるなどの疑似体験を含むような研修講座を提供している。また，経営層がこの疑似体験をとおしてセキュリティ対策の必要性を理解し，セキュリティ対策に対して投資することになったとき，実際の現場担当者との間を繋ぐ人材が必要になる。情報処理推進機構の産業サイバーセキュリティセンターでは，こういう役割を果たせる人材を育成することを目的として，「中核的人材育成プログラム」を実施している[29]。

　このように，組織に属するすべての人が情報セキュリティに対する知識を正しく理解するとともに，経営マネージメント層が担当技術者あるいはセキュリティ対策を委託する会社と協力して運営することが，組織の情報セキュリティを維持するために必要である。

---

[29]　https://www.ipa.go.jp/icscoe/program/core_human_resource/

🔵 研究課題

1）情報処理推進機構（IPA）は，「映像で知る情報セキュリティ」を
　YouTube で公開している。興味のあるものを選んで視聴してみよう。
2）英国の National Cyber Security Center（NCSC）は，CyberFirst
　というセキュリティ教育プログラムを提供している。対象年齢や実施
　内容を調べてみよう。エストニアの防衛省は CyberSpike という競技
　プログラムを提供している。こちらも同様に調べてみよう。
3）サイバーセキュリティ月間にどのような行事が開催されているだろ
　うか。自分が住んでいる地域（例えば関西）での開催分に絞るなどし
　て調べてみよう。
4）地元の警察本部では，どのような情報セキュリティ啓発活動をして
　いるか調べてみよう。また，地元で，情報セキュリティの啓発活動を
　している NPO 法人やグループなどがあれば，その活動内容を調べて
　みよう。

参考文献

［1］坂村健ほか「改訂版　高等学校　情報の科学」，p.140-153，数研出版（2017年）
［2］文部科学省「高等学校学習指導要領（平成30年告示）情報編」，開隆堂出版
　　（2019年）
［3］文部科学省「高等学校情報科教員研修用教材」
　　（https://www.mext.go.jp/a_menu/shotou/zyouhou/detail/1416746.htm）
［4］平成30年度スーパ・プロフェッショナル・ハイスクール成果発表会　配布資
　　料3，p.25-31
　　（https://www.mext.go.jp/a_menu/shotou/shinkou/shinko/1414029.htm）
［5］中西通雄，松浦敏雄「情報処理教育の2006年問題への対応」，サイバーメディ
　　アフォーラム，No.6，p.23-28（2005年）

（https://www.cmc.osaka-u.ac.jp/publication/for-2005/）

［ 6 ］河村一樹「一般情報処理教育（J07-GE）」，情報処理，vol.49，no.7，p.768-774
（2008年）

（https://www.ipsj.or.jp/12kyoiku/J07/20090407/J07_Report-200902/9/IPSJ-
MGN4907_J07_GE-200806.pdf）

［ 7 ］カリキュラム標準一般情報処理教育（GE），情報処理学会，

（https://www.ipsj.or.jp/annai/committee/education/j07/ed_j17-GE.html）

［ 8 ］安田慎悟「社会におけるセキュリティ人材育成事例(1)— NICT におけるセキュ
リティ人材育成事業—」，情報処理学会誌，Vol.60，No.10，p.976-977（2019年）

15 | 展望と発展学習

山田恒夫

《**本章のねらい**》 今後の学問分野としての展望と，継続学習のポイントを考察する。ICT やインターネット技術の将来を占うことは大変困難なことであるが，未来の情報セキュリティにおいて顕著となるであろう課題を検討する。
《**キーワード**》 モノのインターネット（IoT），ビッグデータ，プライバシー，個人情報保護，パーソナルデータ，人工知能，ロボット，持続可能な開発目標（SDGs）

1. 日常生活に入り込むコンピューター端末： モノのインターネット（IoT）

近年，携帯電話，エアコンやテレビなどの家電製品，自動車など，様々な製品にコンピューターが用いられ，さらにそれがインターネットに接続されるに至った。これまでのインターネットはヒトとヒトをつなぐというイメージであったが，ヒトとモノ，モノとモノといった，「モノのインターネット（IoT, Internet Of Things）」も普及してきた。

1.1 モノのインターネット

以前のインターネット利用とは，ヒトがコンピューターやスマートフォンを端末として操作し，遠隔のコンピューターの情報を取り出したり（WEB ブラウジング）やヒトと通信する（電子メール，SNS）というイメージであった。しかし，**モノのインターネット**では，相手は「モ

ノ」であり，それを遠隔監視・操作するというイメージとなる。帰宅前にお風呂のお湯をはったりエアコンのスイッチを入れる，職場からビデオカメラを使って室内をモニターするといったことができる。さらに進んで，要所要所はヒトが判断するとしても，ヒトを介さずモノとモノがやりとりし，それが作業や業務の自動化の実現につながる。自動車やドローンの自動運転や，職場における業務自動化（Robotic Process Automation, RPA）の導入はその例といえる。

　モノのインターネットの仕組みを図15-1に示す。遠隔のコンピューターの周囲には，その用途に応じた「センサー」と「アクチュエータ」が配置されている。ここでは「センサー」と「アクチュエータ」を従来よりは広く，半ば比喩的に用いる。例えば，エアコンであれば，室内の気温や湿度を測るセンサー，ヒトのような物体を感知するセンサーなどのセンサー類と，各種モータ類を操作するスイッチが含まれる。センサーからのデータはコンピューターに集められ処理されたのちに，インターネットを介して，ホスト側に送られる。「コンピューター」はプログラムにより自動的にアクチュエータを制御するので，ホストはマクロな命令だけを送ればよい。この自動化の程度は様々で，遠隔・見守りサービスの映像送信のように比較的単純なものから，自動車の自動運転のように複雑なものまである。「モノのインターネット」の特徴は，(1)「モノ」と「モノ」とが，ヒトの直接的介在がなくても（ユーザーが意識しなくても）データ通信を続けることができ，(2)集められたデータを直接的・間接的に共有，ビッグデータとして再利用できる技術的基盤を提供することにある。自動車の自動運転には，GPSなどの位置センサー，外気温など環境を知るためのセンサー，エンジンやモータの状態を検出するセンサー，自動車の速度やエネルギー残量，搭乗者の意識など自動車と搭乗者の状態を知るためのセンサーも用いられていて，こうしたセ

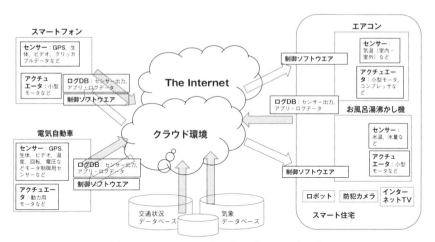

図15-1　モノのインターネット（IoT）

帰宅前に，快適な住環境を準備するための「モノのインターネット」
それぞれのデバイスが蓄積したデータを，インターネットを介して，相互に
利用しあう

ンサーからは絶えずデータが出力されている。1台1台からのこうした
データを集めてビッグデータとして解析すれば，渋滞や局地的天候を予
測することもできる。

　「モノのインターネット」の普及とともに，こうした機器のセキュリ
ティも大変重要になる。自動車が乗っ取られ，故意に事故をおこす，端
末が乗っ取られ，攻撃の踏み台にされるなどといった重大な犯罪行為以
外にも，家電のデータ漏洩は，プライバシーの侵害，個人情報の流出に
つながることにも留意すべきである。ラップトップパソコンやスマート
フォンにはカメラがついているが，ここからプライバシー映像が流出す
る可能性がある。自動車からも，どこを走行したか，速度はどの程度で
あったかなど，プライバシー情報につながるデータが流出する可能性も
否めない。

1.2　ビックデータとプライバシー

　インターネットで大きな社会問題になりつつあるのが，個人情報や**プライバシー**の問題である。多くの人間が，意図的に，あるいはもたらす結果をあまり考慮せずに，ブログやSNSでプライバシー情報を公開している。一方，企業や公的機関・非営利団体も，WEBでサービスや事業を展開し，結果として大量の個人情報を収集管理することになった。このため，後者については，個人の権利や利益を損なわないという観点から，「個人情報の保護に関する法律」（いわゆる「**個人情報保護法**」，2003年5月30日法律第五十七号，最終改正：2020年6月）が制定された。なお，個人情報保護法のいうところの「**個人情報**」とは，「生存する個人に関する情報であって，当該情報に含まれる氏名，生年月日その他の記述等により特定の個人を識別することができるもの（他の情報と容易に照合することができ，それにより特定の個人を識別することができることとなるものを含む。）をいう。」（第二条）。つまり，名刺に記載された情報のように，個人を特定するものであれば，すでに公知された情報も含み，この点がプライバシー情報と異なる点の1つである。同法の施行により，個人情報に関する過剰反応も生じ，学級の緊急連絡網や名簿の作成を取りやめる学校があったり，公務員・公益に関する情報を非開示にする公的団体が増えた。「個人情報取扱事業者は，あらかじめ本人の同意を得ないで，個人データを第三者に提供してはならない」（同法，第二十三条）点にとらわれ，情報漏洩への漠然とした不安から，個人情報そのものの収集をあきらめてしまうケースもでてきた。

　こうした中で新たな技術革新が生まれ，大きなビジネスに発展すると期待されているのが，データレポジトリの連携とその分析ツールの出現である。これまで，組織によって個別に管理してきたデータを，個人情報を含めて連携させ（「ビッグデータ」の一種），様々な解析ツールを用

いて，商品やサービスの推薦や学習コンテンツのパーソナル化など，なんらかの予測を行おうとする。コンビニのポイントカードと SNS のデータベースを連携させることができれば，コンビニで何を購入したかという履歴と類似した購買傾向を持つ消費者のモデルから，コミュニケーションツールで「お奨め」商品を表示することもできるわけである。ただ，こうしたデータベースを連携させることによって，個々のデータに個人情報は含まれていなくても，結果的に誰か特定できたり，日常行動や趣味などのプライバシー情報が浮かび上がる可能性が生じる。このため2015年の改正では，個人情報の定義を明確にし「**匿名加工情報**」については企業の自由な利活用を認める一方で，トレーサビリティの確保や不正な流通については罰則規定を設け，個人情報の保護を強化している。同法の趣旨は，「個人情報の保護」と「社会的に大量の個人データを一般に提供するような事業」のバランスを図るものであり，社会全体としては，オプトインとオプトアウトも効果的に併用し，個人情報の保護を図りつつ，新たな事業を育成することにある。

　教育分野においても，電子化された学習履歴データ（いわゆる「スタディログ」）の収集が始まり，「公正に個別最適化された学び」の実現に活用することが，政策的な目標になった（文部科学省，https://www.mext.go.jp/kaigisiryo/content/20200706-mxt_syoto01-000008468-04.pdf）

2. サイバー社会における新たな公共性：社会に対する影響

　サイバー空間（仮想現実の世界）では，情報ネットワークを介した人間のコミュニケーションが生まれ，その関係性をもとにサイバー社会（ヴァーチャル社会）が成立する。サイバー空間は現実空間とつながっ

ているため，サイバー社会が現実社会と無関係に成立するわけではないが，サイバー空間の特性から，現実社会と異なった特性を持つことも期待されている。こうした流れにおいて，電子政府の在り方や直接民主主義の可能性も議論されている。

2.1　サイバー空間における批判的公共圏

　サイバー空間の特性を利用し，グローバルな市民社会の成立のための，新たな公共圏の可能性を考えようとする立場がある。この立場では，サイバー社会と現実社会は独立に存在するのではなく，密接に影響を与えあっており，オフラインで違法なものはオンラインでも違法というのが原則となる。この場合，サイバー社会での意思形成や規範形成は，現実社会の規範によって検討する必要があるが，その理論的根拠を与えるものとして，**ハーバーマス（Jürgen Habermas）のコミュニケーション的行為論**などがあげられる。一方，サイバー空間の人類社会に与える影響をより革新的なものととらえ，サイバー社会の規範は既存の現実社会と異なったものになるべきとする考え方もある。**マーク・ポスター（Mark Poster）** は，サイバー空間は本来仮想的なものであり，そのコミュニケーションは非身体的かつ匿名で，ハーバーマス的な**批判的公共圏**の前提となる理性的な主体は困難であるとする（cf.　渡部，2007[1]）。

　インターネットにおけるコミュニケーションのふるまいを観察すると，たしかに記名型のコミュニティと匿名型のコミュニティは存在し，すでにその規範の適用は厳密ではないが，ひとりの人間において両者は多重化し使い分けられているようである。今後の人類社会，グローバルな市民社会の在り方にどのような影響を及ぼすか，まだ予測できるところにきていない。

2.2　インターネットと政治・行政

　インターネットに代表される ICT は政治や行政の分野でもすでに利用されている。日本政府は，高度情報通信社会推進本部の設立（1994年）以降，高度情報通信ネットワーク社会形成基本法（IT 基本法）制定（2000年），IT 基本戦略（後の e-Japan 戦略，2001年）策定をうけて，電子政府の実現を図ってきた。そして，2021年（令和 3 年）9 月には，国・地方行政の IT 化や DX（デジタルトランスフォーメーション）の推進を目的に，**デジタル庁**が設置された。ICT により行政の効率化を図るものであり，情報公開，行政サービスの広報・情報提供のほか，確定申告などの電子申請や住民票などの交付，パブリックコメントの受付などが実現されている。国レベルでは，総務省の運営するポータルサイト「e-Gov」（https://www.e-gov.go.jp/）がある。地方でも地方公共団体により内容に大きな違いがあるが，電子政府サービスの導入が進められている。国や地方公共団体，公的機関の有するデータを公開し，社会全体で活用する**オープンデータ**の試みも注目されている。

　政治における取り組みとしては，広報・情報提供の分野では，国会議員や地方議員の多くが WWW や SNS を議員活動に利用している。政策に関する意見表明や議論，世論調査，投票などを電子的に行う電子民主主義の試みも始まっている。2016年の米国大統領選挙においては，トランプ陣営が SNS を効果的に利用したことが勝因の 1 つといわれ，その後も外国からの操作の可能性は問題にされた。一方，SNS は，その種類によって利用者特性が異なったり，グループ機能やパーソナリゼーション機能によって類似した意見（及びその持ち主）を集めるように設計されたりするので，世論調査のように母集団の傾向をつかむ場合には，使用上の注意が必要である。システムの特性や限界に対する理解やその利用に関する規範が利用者の側に醸成されていないことに加え，外国か

らの不正アクセスによる干渉も疑われ，直接民主主義の手段として成熟するには時間を要すると考えられる。サイバー攻撃の中には，他国政府や軍の関与すら示唆されている。こうした情報の真贋，そして今後の推移については不明の点が多いが，1つ明らかなことは，戦争あるいは組織犯罪というべき，こうした攻撃に対して個人の対応には限界があり，国やしかるべき組織による対応が必要であるという点である。こうした対応には，セキュリティ対策専門家の育成が不可欠で，国をあげた施策に期待したい。

2.3　バーチャル社会と現実社会の境界

　M. マクルーハンは「**メディア論─人間の拡張の諸相**」（1964[2]）において，「電気によって，われわれは中枢神経組織を全地球的に拡張し，あらゆる人間経験に即時的な相互関係をもたらすことができる」（邦訳，376ページ）と述べた。これは，現代の状況に置き換えれば，コンピューターによってわれわれの認識機能や，あえて付言すれば記憶機能を拡張するという主張といえる。また，そのもたらすサイバー空間には実体をともなわない仮想現実の世界（バーチャル社会）が存在し，新たな人間の在り方を招来する期待も抱かせる。しかし，サイバー空間は現実社会とつながっており，サイバー空間のネットワークの先に存在するのも現実の人間である。現在のサイバー空間は誕生したばかりの進化途上の空間であり，匿名性の問題も含め，何が本質的特徴なのか，あるいはわれわれがサイバー空間をどのようなものにしたいのか，今後社会の合意形成を図る必要がある。ライフラインに対するサイバー攻撃が，われわれの生物学的生命に深刻な打撃を与えるように，仮想現実での行動の結果が仮想空間で完結するわけではない。現在の人間は，サイバー空間を介して，より大きな能力を身につけたのであり，それに応じた倫理や規範

が必要になっている。

3. 人工知能とロボット

この数年，課題としてクローズアップされてきたのが，**人工知能**（**AI**，特に**汎用人工知能**）をめぐる課題である。AI は研究課題としての盛衰，あるいはコミュニティからの期待の伸縮の波があったが，今回は**深層学習**（**Deep Learning**）と**特化型人工知能**（**Narrow Artificial Intelligence**）の成功により，第 3 次ブーム（cf. 竹内，2016[3]）といわれることもある。この結果，**汎用人工知能**（**Artificial General Intelligence**）や**技術的特異点**（**シンギュラリティ**）の実現も現実味を帯びてきて，そのリスクを議論することもあながちフィクションともいえなくなった。松尾（2016[4]）は人工知能のリスクを，例えば人工知能が人類に敵対するような，「人工知能自体が持つリスク」と，ヒトがそれを悪用したり心的に依存してしまうような「人工知能にかかわる人間のリスク」に分けている。

3.1 機械という存在にどう向き合うか

そもそも，人工知能，広くは心的機械が，「知能」（循環しているが），「情緒」，「こころ」，「意識」そして「意思」を持つのかどうかは，古いが，まだ解決していない問題である。**サールとチャーチランド夫妻の「強いAI」**と**「弱い AI」**の論争に始まり，シンギュラリティはおこらないという主張（Walsh, 2016[5]）もある一方，科学の予測に「想定外」があってはならないことも事実である。機械に自律的な能力を持たせるのであれば，人間にとっての倫理的規範に相当するものを実装する必要がある。

3.2　知的機械の開発・利用基準

　ヒューマノイドというロボットの中には人間そっくりに作られたものもあり，機械とわかっていても容易に感情移入してしまうこともある（例，石黒，2015[6]）。また，分野を限れば，大多数の人間の知的能力を超える人工知能（特化型人工知能）を作成することも可能である。ゲームの分野では，チェス・将棋に続き，囲碁でも人間の第一人者が敗れる状況も生まれた（例，AlphaGO）。当然のことながら，故意あるいは過失で，犯罪に用いられたり，損害を与えるケースもでてくる。こうしたシステムの開発者には，相当の技術者倫理が求められ，ガイドラインも示されている（例，**人工知能学会倫理指針**，2017[7]）。

3.3　社会に対する様々な影響

　人工知能やロボットが社会に普及することで，ヒトの職業を奪うなどの社会的影響のほか，人工知能の作品の著作権の取扱いなど，新たなルール作りも必要になる。

4.　新たな技術の利用と対応

　技術革新の進展とともに，人間として持つべき知識やスキル，情報倫理も変化する。ICTは労働のありようも変え，以前は職業として成立していた仕事が機械に置き換わる。すでに20世紀において，電話交換手や踏切番（踏切警手）の多くが職場を去った。さらに，今後，AIやロボットの社会進出とともに，自動車運転に関わる仕事（タクシーやトラックの運転手），そして知的労働者と考えられていた職種（教員，法律家など）でも似たような状況になるらしい（Frey & Osborne，2013[8]）。こうした技術革新サイクルの短期化とヒトの長寿化とともに，一生のうちで何度もこうした変革（デジタルトランスフォーメーション）

に適応することが必要となり，生涯学習の必要性が増している。

4.1　情報技術の高度化とセキュリティ問題

　ICT の革新やその利用環境そして利用者の特性の変化によって，現象として現れる脅威は移り変わる（次ページ表15 - 1）。それに応じて，必要とされる対策は異なる。それが本分野においても，最新のセキュリティ専門家育成と生涯学習としての情報セキュリティ教育が必要となる所以である。

4.2　グローバル時代のセキュリティ問題：SDGs とセキュリティ

　すでに情報通信技術（ICT）は先進国だけのものではなく途上国でも急速に普及しており，なにより多くの途上国が「蛙飛び効果」をねらい，国策として ICT 産業と情報人材の育成に取り組んでいる。安全安心なインターネット環境はその基盤として，途上国においても持続的に確保されなくてはならない。

　資金や人材に恵まれない周縁化地域でのセキュリティ対策を実施する場合，**「持続可能な開発目標（SDGs）」**の理念にあった開発が必要となる。**DIAL**（Digital Impact Alliance, https://digitalimpactalliance.org/）は，国連財団が USAID や Bill & Melinda Gates 財団，スウェーデン政府と協力して設立した，SDGs 達成のためのデジタル・インクルージョンを目的とする組織である。DIAL は，実務者が効果的にデジタル技術を現地の支援事業に導入・活用するための原則を明らかにし，**「デジタル開発原則（Principles for Digital Development）」**（https://digitalprinciples.org/）にまとめている。

表15-1　情報セキュリティ10大脅威 2021

（IPA, 2021, https://www.ipa.go.jp/security/vuln/10threats2021.html[9]）
最新版は毎年公開される。過去のランキングも公開されている。

前年順位	個人	2021年度順位	組織	前年順位
1位	スマホ決済の不正利用	1位	ランサムウェアによる被害	5位
2位	フィッシングによる個人情報等の詐取	2位	標的型攻撃による機密情報の窃取	1位
7位	ネット上の誹謗・中傷・デマ	3位	テレワーク等のニューノーマルな働き方を狙った攻撃	NEW
5位	メールやSMS等を使った脅迫・詐欺の手口による金銭要求	4位	サプライチェーンの弱点を悪用した攻撃	4位
3位	クレジットカード情報の不正利用	5位	ビジネスメール詐欺による金銭被害	3位
4位	インターネットバンキングの不正利用	6位	内部不正による情報漏えい	2位
10位	インターネット上のサービスからの個人情報の窃取	7位	予期せぬIT基盤の障害に伴う業務停止	6位
9位	偽警告によるインターネット詐欺	8位	インターネット上のサービスへの不正ログイン	16位
6位	不正アプリによるスマートフォン利用者への被害	9位	不注意による情報漏えい等の被害	7位
8位	インターネット上のサービスへの不正ログイン	10位	脆弱性対策情報の公開に伴う悪用増加	14位

表15-2　デジタル開発原則（Principles for Digital Development, DIAL）

1	利用者といっしょに設計する（Design With the User）
2	すでに存在しているエコシステムを理解する （Understand the Existing Ecosystem）
3	一定以上の規模を想定して設計する（Design for Scale）
4	持続可能性に配慮して構築する（Build for Sustainability）
5	データを基盤とする（Be Data Driven）
6	オープン標準，オープンデータ，オープンソース，オープンイノベーションを使う （Use Open Standards, Open Data, Open Source, and Open Innovation）
7	再利用と改良（Reuse and Improve）
8	プライバシーとセキュリティを尊重する（Address Privacy & Security）
9	協働する（Be Collaborative）

5. まとめにかえて：発展学習のために

　情報通信技術（ICT）やインターネットによって，仮想的なサイバー空間が出現し，われわれの体験する世界が拡大するとともに，その情報処理能力は拡張・強化された。現実世界との関係でいえば，技術的にも社会的にも人間一人ひとりができることが多くなり，われわれはより大きな「力」を持つに至った。これは，より大きな社会的責任が発生したということであり，われわれはより高い倫理意識と規範を持って自らを律する必要がある。

　その一方で，ICT やインターネットがより基幹的な社会基盤となったがゆえに，テクノフォビアともいえる「技術」に対する不信から確信的に背を向ける人も多く，デジタルデバイドの溝は深くなっている。こ

うした人々の不信をさらに増強するのが，ICT によってもたらされる事件やセキュリティの問題である。しかし，こうした技術やデータは本来，善でも悪でもなかったはずである。人間の認識や価値づけ，行為の過程において，人間の持つ問題性が増幅されたというべきで，一人ひとりが向き合う問題でもある。

　こうした状況に対する基本的な方針は，一人ひとりがより強くなることである。この場合の「強い」というのは，技術に対する正しい知識とスキルを持ち，倫理的に正しい判断と対処法ができるという意味である。クラッカーが，攻撃を脆弱性の弱いところに集中するのであれば，組織的に守られない個人の部分は要注意である。また，サイバー空間でも，一人ひとりがより高い倫理意識を堅持できれば，現実世界ではまず近づかない誘惑に簡単に惑わされることもないはずである。こういう状況を打開するのが情報セキュリティ教育である。

　未成年者，特に年少者については，間違っても深刻な事態にはならないであろうという予断から，携帯電話も含め，ICT 利用・使用に対する敷居が低く，簡単に使わせてしまう傾向があるようである。しかし，未成年に情報セキュリティに対する十分な知識と行動規範が備わっているわけではないのであるから，教師や保護者がまず，正しい情報セキュリティと倫理を身につけ，児童・生徒や家族を守り導く必要がある。子どもだけでなく，教師や保護者が状況を理解できていないことが事態を深刻なものにする場合もある。

　マクロ的には，こうした専門家の養成が遅れているのが我が国である。国際性と情報セキュリティを身につけた専門家の養成は喫緊の課題である。またわれわれも，生涯学習を通じて，その意識と技術を保ち，学んだことを職業やボランティア活動，家庭生活を通じて，社会に還元したいものである。

🎸 研究課題

1）サイバー空間と現実空間では，行動がどのように変化するか，自分
自身の体験をもとにまとめてみよう。そのうえで，サイバー空間では，
どのような倫理意識や規範が必要か考えてみよう。
2）本科目を受講して，情報セキュリティに対する意識や対策がどう変
わったか振り返ってみよう。
3）情報セキュリティという観点から，一市民として ICT を活用して
どのような社会貢献ができるか考えてみよう。

引用・参考文献

［1］渡部明「情報とメディア倫理の射程―情報・メディア・人間をめぐる諸問題
の隘路」渡部明他，「情報とメディアの倫理」ナカニシヤ出版．Pp.3-21.（2007）
［2］マーシャル・マクルーハン「メディア論―人間の拡張の諸相」栗原裕・河本
仲聖（訳）みすず書房（1987）．384p.（1964）
［3］竹内郁雄（編）「AI・人工知能の軌跡と未来」別冊日経サイエンス，216，
127p.（2016）
［4］松尾豊（2016）．人工知能と倫理．情報処理，57(10)，985-987．
［5］Walsh, T.「The Singularity may never be near.」Proceedings of IJCAI-2016
Ethics for Artificial Intelligence Workshop.（2016）
［6］石黒浩「アンドロイドは人間になれるか」文藝春秋，223p.（2015）
［7］人工知能学会「人工知能学会 倫理指針」人工知能学会倫理委員会．http://ai-
elsi.org/archives/471.（2017）
［8］Frey, C. B. & Osborne, M. A.「The Future of Employment: How Susceptible
Are Jobs to Computerisation?」https://www.oxfordmartin.ox.ac.uk/downloads/
academic/The_Future_of_Employment.pdf?fbclid=IwAR0zUqXaPj4gsH3L2Lcg
K5YRGx9BujYi4uzFbQNaGBbJyvguxz5IL5m8lqQ（2013）

［9］IPA（独立行政法人 情報処理推進機構）.「情報セキュリティ10大脅威」
https://www.ipa.go.jp/security/vuln/10threats2021.html（2021）

索 引

●配列は，欧文はアルファベット順，和文は50音順。

分担執筆者紹介

（執筆の章順）

金岡　晃（かなおか・あきら）

・執筆章→2・3・4・5

1975年	千葉県に生まれる
1998年	東邦大学理学部情報科学科卒業
	東邦大学大学院理学研究科修士課程修了
	筑波大学大学院博士課程修了，博士（工学）
	セコム株式会社 IS 研究所
	筑波大学大学院研究員
	筑波大学大学院助教
	東邦大学理学部講師，准教授を経て
現在	東邦大学理学部教授
専攻	ユーザブルセキュリティ，暗号応用，モバイルセキュリティ

花田　経子（はなだ・きょうこ）

・執筆章→11

1975年	岐阜県に生まれる
2002年	愛知大学大学院経営学研究科経営学専攻博士後期課程満期退学
2002年	新島学園女子短期大学国際文化学科専任講師，新島学園短期大学キャリアデザイン学科専任講師，岡崎女子大学子ども教育学部講師を経て
現在	慶應義塾大学大学院メディアデザイン研究所リサーチャー
専攻	情報教育，情報モラル教育
主な著書	21世紀の会計と監査（共著，同文館） キャリアデザインの多元的探究—職業観・勤労観の基礎から考えるキャリア教育論（共著，現代図書）

中西　通雄 (なかにし・みちお)

・執筆章→13・14

1954年	大阪府に生まれる
1978年	大阪大学基礎工学部情報工学科卒業
	大阪大学大学院基礎工学研究科博士前期課程修了
	三菱電機株式会社コンピュータ製作所主事
	大阪大学基礎工学部助手
	大阪大学情報処理教育センター助教授
	大阪大学サイバーメディアセンター助教授
	大阪工業大学情報科学部教授を経て
現在	追手門学院大学経営学部教授・博士（工学）
専攻	情報科学教育・技術者倫理教育・プログラミング教育
主な著書	一般情報教育（共著，オーム社）
	これからの大学の情報教育（共著，日経BP）
	情報セキュリティと情報倫理（共著，放送大学教育振興会）
	情報とネットワーク社会（共著，オーム社）
	情報ネットワークとセキュリティ（共著，放送大学教育振興会）
	情報とコンピューティング（共著，オーム社）
	情報社会とコンピュータ（共著，昭晃堂）
	IT社会の法と倫理（共訳，ピアソン）
	NEXTSTEPによるコンピュータリテラシー入門（共著，アスキー）

編著者紹介

山田　恒夫 (やまだ・つねお)

・執筆章→1・8・12・15

1958年	京都市に生まれる
1985年	京都大学大学院文学研究科博士課程（心理学）退学
	大阪大学人間科学部，放送教育開発センター，独立行政法人メディア教育開発センターを経て
現在	放送大学教養学部教授，総合研究大学院大学文化科学研究科名誉教授
専攻	情報学・教育工学・学習心理学・国際ボランティア学
主な著書	英語リスニング科学的上達法（共著，講談社）
	心理学辞典（分担執筆，有斐閣）
	英語スピーキング科学的上達法（共著，講談社）
	教育メディア科学—メディア教育を科学する—（分担執筆，オーム社）
	e-ASEM White Paper：e-Learning for Lifelong Learning（分担執筆，Korea National Open University Press）
	eラーニングの理論と実践（分担執筆，放送大学教育振興会）
	Open Educational Resources：An Asian Perspective（分担執筆，The Commonwealth of Learning & OER Asia）
	Perspectives on Open and Distance Learning：Open Educational Resources：Innovation, Research and Practice（分担執筆，The Commonwealth of Learning & Athabasca University Press）
	MOOCs and Educational Challenges around Asia and Europe（分担執筆，Korea National Open University Press）
	情報化社会における国際ボランティア活動（単著，ボランティア学研究）
	デジタルバッジ・能力を認定するための画期的システム 57p.（編著，インプレス）
	The New Functions of OER Repositories for Personalized Learning. IPSI BgD Transactions on Internet Research (TIR), 16(1), 22-27. [https://austria-forum.org/web-books/tir1601en2020isds/000025]
	Covid-19パンデミックの先に見えてきたSociety 5.0におけるICT教育利用：個別最適化された学びと学習デジタルエコシステム. 大学職員論叢（大学基準協会），第9号，43-50.

辰己　丈夫 (たつみ・たけお)

・執筆章→ 6 ・ 7 ・ 9 ・10・12

1991年	早稲田大学理工学部数学科卒業
1993年	早稲田大学情報科学研究教育センター助手
1997年	早稲田大学大学院理工学研究科数学専攻博士後期課程退学
1999年	神戸大学発達科学部講師
2003年	東京農工大学総合情報メディアセンター助教授（2007年から准教授）
2014年	筑波大学大学院ビジネス科学研究科企業科学専攻博士後期課程修了
	博士（システムズ・マネジメント）
2014年	放送大学准教授
2016年	放送大学教授を経て
現在	放送大学教授，東京大学非常勤講師（理学部，教養学部），千葉大学非常勤講師（理学部），情報処理学会理事
主な著書	キーワードで学ぶ最新情報トピックス2021（共著，日経BP） 教養のコンピュータサイエンス 情報科学入門 第 3 版（共著，丸善） 情報科教育法［改訂 3 版］（共著，オーム社） 情報と職業［改訂 2 版］（共著，オーム社） 情報化社会と情報倫理［第 2 版］（単著，共立出版）

放送大学教材　1579347-1-2211（テレビ）

情報セキュリティ概論

発　行　2022年 3 月20日　第 1 刷
　　　　2023年 8 月20日　第 2 刷
編著者　山田恒夫・辰己丈夫
発行所　一般財団法人　放送大学教育振興会
　　　　〒105-0001　東京都港区虎ノ門1-14-1　郵政福祉琴平ビル
　　　　電話　03（3502）2750

Printed in Japan　ISBN978-4-595-32353-9　C1355